# 九城都市
# 9-TOWN STUDIO
## 2012—2021

张应鹏　著

中国建筑工业出版社

# 序言

九城都市的主持建筑师应鹏、陈泳和于雷三人与我渊源颇深，他们都是我的学弟，毕业于东南大学，也都是齐康先生的学生，但或许因为年长一些的原因，我和他们原来并不是特别熟悉。后来在 2011 年和 2016 年，我作为评委之一参与了江苏省第一、第二届设计大师评选工作，记得应鹏是第二届入选的，当时应鹏的材料与学习经历给我留下的印象还是比较深的。

九城都市成立至今有 20 多年，是一个包含有水、暖、电气及结构等多专业工种的综合性甲级设计公司，实际的工作模式更像是一个创作性的事务所或工作室。正是因为应鹏、陈泳和于雷三人在方案创作上亲力亲为，在项目品质上严格把控，所以九城都市的作品成果还是很值得肯定的。

同时，九城都市还是一个实践与研究并重的公司。他们的学术论文和创作作品多次在各大专业媒体上刊登，还陆续出版了多本专著或译著。他们能深刻地认识到，传播不仅是分享的一种路径，更是通过总结与思考提升设计能力的重要方法。我是比较鼓励与支持这样的工作方法与学术态度的。

国内的建筑院校会邀请有实践经验并且对建筑学有独特思考的职业建筑师到学校担任阶段性的教学任务。九城都市的三个主持建筑师中，陈泳的本职工作就是同济大学的教师，作为同济大学城规与建筑学院的教授与博士生导师，在教学与科研的同时进行建筑实践与创作。于雷不仅主持着公司各类型项目的设计实践工作，同时也连续多年参与指导同济大学本科三年级的设计课程。应鹏同样身兼多职，除了主持公司的设计项目，还担任东南大学的兼职教授，也曾在 2020 年清华大学开放教学中担任过“大师班”的指导老师。实践、研究与教学相辅相成，这是九城都市多年来一直努力与坚持的工作方式与生活方式。

应鹏的学习经历相对也是比较特别的。他本科读的是土木工程专业，硕士读的是建筑学，在博士阶段又转向了西方哲学。这种特殊的学习经历也明显地影响了他的建筑创作。前年应鹏送了我一本他的专著《非功能空间与空间的非功能性》，有一章专门讨论了“空间的社会责任”，这个观点我非常认同。空间不只是一个单方面满足于内部使用功能的物理容器，任何一个空间的介入，同时也将界定人与人、人与环境以及小环境与大环境之间的多重关系。只有在更大的价值体系中直面更广泛的社会责任，我们的建筑和我们的城市才会更加美好与健康。空间是建筑与城市的重要组成部分，空间也是生活与社会结构的重要组成部分。一个建筑师能够有自己观察世界的方法，并能将其熟练地应用于他自己的项目实践中，是难能可贵的一件事情。

刚刚过去的这二十多年，是中国城市发展史上建设速度最快的阶段，涌现出了一批又一批优秀的建筑师与建筑师团队。我也很有幸与他们一起亲身经历并共同见证了这段辉煌的发展历史。九城都市在 2012 年出版了第一个 10 年的作品集（2002—2011），这是他们第二个 10 年的作品集（2012—2021）。可以明显地看出，在第二个 10 年中，九城都市的作品又取得了比较大的进步。这其中有他们辛苦的努力，同时也是时代赋予了他们发展与成长的机会。

我很欣慰地看到九城都市这 20 多年的发展与进步，这也从一个侧面部分反映了我们国家 20 多年来建筑设计行业的基本发展状态。对于一个建筑设计团队来说，20 多年应该是已经有了一定的经验积累，希望他们能以此为基础，不忘初心，牢记使命，在今后的发展中继续努力，创作出更多、更好的作品！

Meng Jianmin

孟建民
中国工程院院士
全国工程勘察设计大师

# 目录



## 文化 CULTURE



## 办公 WORK

## 教育 EDUCATION



## 市政 MUNICIPAL



## 其他 OTHERS

# 层级＋要素：街区更新设计模式探索

## Hierarchy+Elements: Exploration of Block Renewal Design Mode

陈泳
Chen Yong

图1

中国的城市化发展逐渐从增量建设走向存量更新与优化阶段，城市建设的模式、方向和节奏都将发生重大调整。旧城更新、历史街区活力再生、完整社区建设等存量更新任务越来越重，特别是城市的高质量发展与空间品质提升，都需要大量具有社会责任感、综合素质和专业能力的建筑师从事相关实践。然而，国内建筑学目前尚未发展成为一门跨专业、跨领域的学问。无论是在理论知识还是在专业技能方面，建筑师对于城市形态以及存量更新问题的认识仍是相对碎片化的，设计过程中往往将建筑与城市的关系简单理解成场地布局或动线组织等技术标准问题，对于城市形态结构及其构成要素并没有太多的认知，无法满足城市空间的整体发展需求。例如在老城区中，历史建筑虽然保护下来了，但周边环境缺乏对历史文脉的思考；而在新城区中，大量新建筑以最简单的方式快速蔓延，创造了惊人的现代式景观，却没有形成一个好的城市环境。这固然与我们长期呆板僵化的规划技术方法，与各自为政、条块分割的部门管理方式有关，但建筑师作为直接参与城市形态塑造与工程实践的核心力量，也有很多值得反思的地方，亟需建立系统的城市环境观，突破建筑自内向外的单向思维方式，从更大的范围内思考城市整体环境的形成。

### 1　城市形态认知

#### 尺度层级

城镇空间要素存在着多尺度的空间层级关系，从国土空间到区域、城市、片区、街区、地块，一直到建筑甚至是室内。每个空间层级都有各自的目标定位与发展诉求，同时它们又是相互支撑的，特别是功能使用、水绿脉络、交通动线、公共空间与历史文脉等子系统存在着相似的分层现象。城市形态的层级特征也显示了不同专业设计所能影响的范畴，相互之间具有很强的关联性（图 1）。其中，上半部分更多的是地理学和城市规划学研究的内容，关注土地利用结构、交通廊道、生境网络等整体空间格局及结构特征；下半部分更多的是建筑学、环境景观以及室内设计的内容，关注人们通过身体、视觉和活动行为可以感知到的城市空间层级与中小尺度的环境要素，特别是近人尺度的建筑、街道与广场等公共环境品质。需要注意的是，上下两个部分在地块 - 街区层面发生交叉，也就是说这里是建筑师与规划师共同研究的部分，但实际上却处于各自学科研究重心的边缘位置。由于两个专业的知识结构与关注点的差异，在街区 - 地块层面之间的传导往往会出现遗漏与偏差。亚历山大在《建筑模式语言》指出，任何一种模式只有得到其他模式——它所存在于的较大规模的模式、周围同等规模的模式、所包含的较小规模的模式——的支持时才能存在，它们互相依存。因此，如何将宏观、中观与微观等各层面的设计目标与内容在街区 - 地块层面相互贯穿、相互融合，变得尤为关键。

要素构成

城市的多样性、有序性、和谐性来源于城市要素的合理组织。早期的城市功能与形态较为单一，要素之间的关系也相对简单，街道、广场与桥梁等的建设均由建筑师统筹，为城市形态要素的整合提供了良好基础。随着社会生活与建设技术的快速发展，当代城市的构成要素也处在不断发展和变化中，总体呈现出多样化和复杂化的趋向，促使与城市建设相关的各领域学科的专业细分和独立发展。然而，各个学科和专业在追求自身不断发展的同时，忽略了城市要素彼此之间错综复杂的有机联系，无法满足当代城市空间体系化、复合化和品质化建设的需求。建筑师作为城市建设中不可或缺的重要成员，需要加强建筑与城市的交叉研究，以要素相互开放与空间系统整合的思路来观察和探寻城市建筑形态的生成方式。总体而言，城市要素的整合设计主要反映在以下方面：(1)区域层面，将场地设计放在所处的区域背景中去分析，包括设计地块与周边区域及城市整体环境之间的关系；(2)时间层面，在动态的城市发展过程中研究新要素的加入对过去与未来的影响，涉及对空间演变的连续性和新旧环境共生等问题的思考；(3)环境层面，不仅指构成城市形态的物质元素（如建筑、街道、广场、水域、桥梁、绿化、市政和地下空间等）通过空间组合的方式形成有机整体，而且更为重要的是，强调对这些构成元素类型的组合方式及内在机制进行体系化分析，设计内容主要包括空间使用体系、公共空间体系、交通空间体系、景观生态体系和历史文化体系等方面。

## 2 设计模式探索

近年来，我与九城都市团队完成了多项与街区更新相关的建筑与城市设计项目，探索基于“纵向序列”与“横向要素”交叉整合的街区更新设计方法及应用研究。一方面强调跨层级的设计模式支持，另一方面注重多要素的设计体系整合，将建筑与城市空间作为一个有机的整体去考虑，而不是各种单项专业设计的分层叠加。因此，我们对于设计问题的分析不再局限于业主任务书给定的基地范围，而是将具有相关性的城市街区纳入整体研究范围，以拓展新的要素关联和探索更多的可能性。同时，关注市民的社会行为需求，以公共空间为主线，突破建筑单体的思维方式，整合不同层级与类型的城市要素及空间系统，进而提出综合性的设计方案，克服城市发展中要素分离、城市环境缺乏连续性的问题。

在跨层级的空间尺度设计中，不管设计研究所对应的任何空间层级，都需要考虑到它是处于城市形态的尺度框架之下的。一般而言，宏观尺度主要关注空间格局与骨架结构的明晰，通过二维的图示语言来表示，重在设计目标与原则的设定；中观尺度研究的是不同空间要素和系统之间的连接与整合关系，重点考虑整体空间资源的合理组织

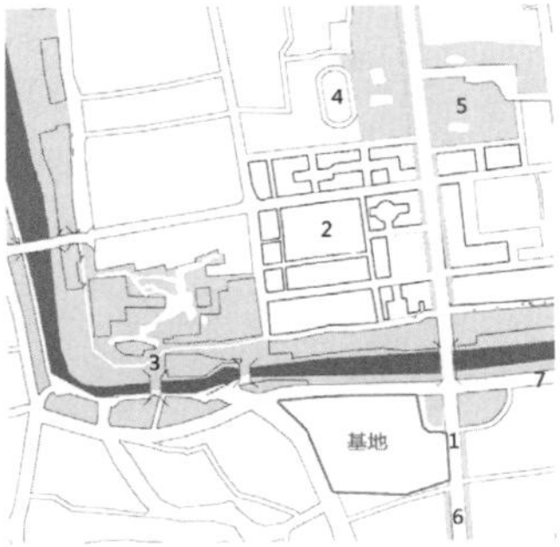

图2

图3

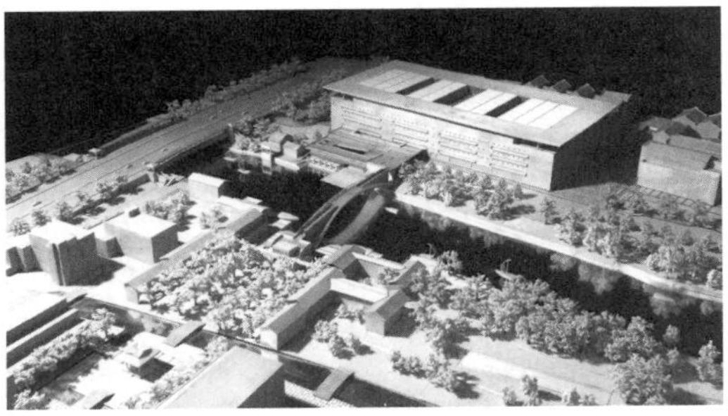
图4

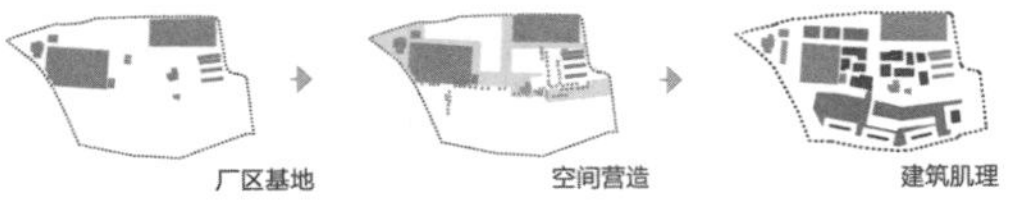

图5

图6

与有序运行，主要是通过三维立体空间开展要素整体设计；微观尺度研究的是地块层面或地段节点的建成环境形态，关注城市建筑、市政设施等实体要素对于城市公共空间的塑造，重在人性化场所品质的提升与特色环境氛围的营造，这些涉及了空间序列、场所氛围与环境尺度体验。

在多要素的空间体系设计中，针对区域层面和时间层面的要素研究更重视理性的分析，通过结构性的基地调研和地方文献解读来识别地区发展问题与环境特色资源，进而提出具体设计目标，即做什么。对于环境层面的要素体系化设计则是综合考虑城市要素与城市行为的互动关系，通过街区三维空间要素立体整合的方式实现设计目标，即怎么做，需要运用创造思维为基地寻找一个最有利的开发方向与综合性设计方案。这既是一个对设计方案进行逐步推导与深化的递进过程，也是一个对各个城市空间体系进行专题分析又融合思考的反复过程，其本质是将多种纠结在一起的城市空间系统及要素梳理出一个体系的行为，其中设计的每个体系和要素都很难单独被强调，需要有一个在跨层级和多元素之间不停来回推导的过程。

## 3 应用实践案例

下面以苏纶场近代产业街区与浒墅关老镇再生设计为案例，分别通过自下而上的建筑路径与自上而下的规划路径展开介绍与分析，探讨跨层级与多要素整合的街区更新设计模式在实践项目中的应用。

### 建筑项目应用案例：苏纶场近代产业街区再生设计

苏纶厂始建于 1895 年，是苏州最早的机器纺织厂，也是当时中国为数不多的机器纺织企业，见证了苏州近代民族工商业的崛起。老厂区历经百年沧桑，于 2004 年倒闭，留存了不同历史时期的工业厂房与仓库建筑，按规划将转型为商办用地。设计伊始，我们不是简单将其视为保护更新类的商业综合体项目，而是从跨尺度的城市视角去思考设计的生成（图 2）。

### 片区层面

基地紧邻古城护城河南侧绿化带，结合古城保护规划的四角山水构想，将护城河的自然生态资源纳入整体研究，通过基地西侧规划道路的东移，拓宽西塘河的滨水绿化空间，促进护城河水绿资源向街区腹地的渗透，并依托林荫绿化与水景向基地内扩展，构建地区水绿网络（图 3）。同时，提出将护城河对岸的南门商业区和基地联动发展的想法，将设计范围扩展到了古城护城河两岸地区，打开由原织造车间改造的商业建筑的二层空间，架设二层观光平台与步行桥，以消解快速交通和护城河景观绿带对两岸活动的分隔作用，步行桥往下走可

图7

以到达滨水绿化带与新增的游船码头，希望通过护城河沿岸空间要素的整合设计提升滨水区活力（图 4）。

### 街区层面

基地东侧是新建的 4 号线地铁站，设计通过 L 形的下沉街连接地铁站厅，形成街区地下空间发展的主骨架，并在核心区域设置大台阶、下沉广场和表演舞台等，建设与站点一体化的立体商业区，也为地面历史环境的保护性利用创造条件。同时，街块内增加步行友好的支路路网，将原来空间杂乱、发展无序的工业厂区划分为高密度、小尺度的街区肌理，并通过街道的组织将原来大小不一、风格各异、散乱拼贴的 10 处产业建筑连为一体，形成新旧共生的街区。在这里，旧建筑是公共空间的基础与核心，新建筑是公共空间的延续，以新补旧、新旧镶嵌，共同营造具有工业文化特色的商业购物街区（图 5）。

### 建筑层面

在“积零为整”进行街区重组的同时，新建筑采用“化整为零”的策略，通过体块组合与坡顶设计来消解现代商业建筑的巨大体量，以谦逊、平和的态度取得与周边环境的尺度关联与对话（图 6）。基地北侧，采用 3 个新建筑的体块穿插与肌理连续，在 2 栋尺度与风格差异悬殊的保留建筑之间形成柔和过渡，共同塑造具有时间连续感的护城河沿河景观（图 7）。基地内的建筑采用灵活的院落围合布局（图 8），内部提供休闲驻留场所，外部沿街采用小开间的立面划分，底层尽量通透开放，促进室内外的活力交流与互动，并利用玻璃雨篷和骑楼等方式营造舒适的、全天候的商业空间，将以“物”为主的工业厂区转换成以“人”为本的休闲购物场所（图 9）。

图8

图9

图10

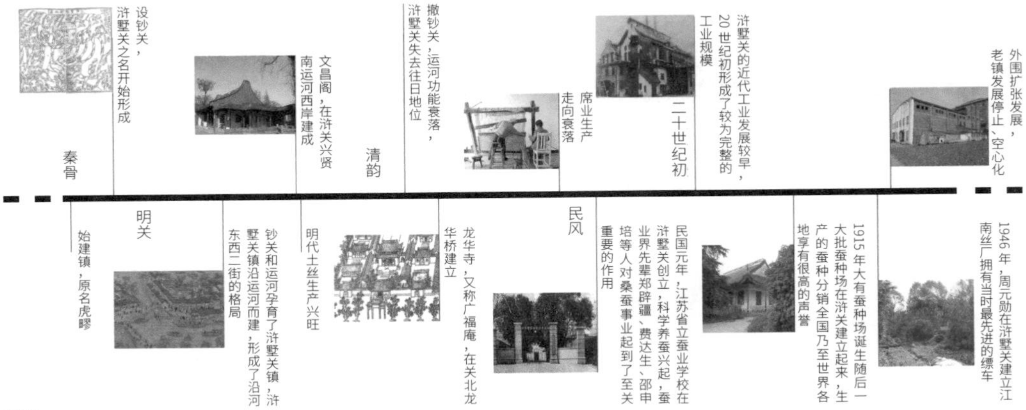

秦骨
设钞关，浒墅关之名开始形成
始建镇，原名虎疁
明关
文昌阁，在浒关兴贤南运河西岸建成
钞关和运河孕育了浒墅关镇，浒墅关镇沿运河而建，形成了沿河东西二街的格局
明代土丝生产兴旺
清韵
撤钞关，运河功能衰落，浒墅关失去往日地位
龙华寺，又称广福庵，在关北龙华桥建立
席业生产走向衰落
民风
民国元年，江苏省立蚕业学校在浒墅关创立，科学养蚕兴起，蚕业界先辈郑辟疆、费达生、邵申培等人对桑蚕事业起到了至关重要的作用
二十世纪初
浒墅关的近代工业发展较早，20世纪初形成了较为完整的工业规模
1915年大有蚕种场诞生随后一大批蚕种场在浒关建立起来，生产的蚕种分销全国乃至世界各地享有很高的声誉
1946年，周元勋在浒墅关建立江南丝厂拥有当时最先进的缫车
外围扩张发展，老镇发展停止、空心化

图11

图12

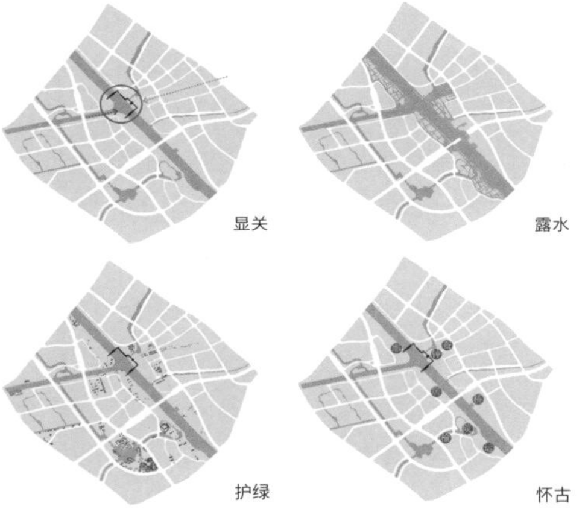

显关
露水
护绿
怀古

图13

图14

**材料构件**

考虑基地的近代历史建筑都是以青砖或红砖作为立面材质，新建筑延续了手工砌筑的传统，通过现场实验与工匠共同讨论砌筑方案，采用在结构层外双层砖叠砌的方式，与历史建筑的砖砌肌理保持一定的差异。同时，为了凸显不同街区组团的个性与风格，采用了不同的青砖和红砖的配比与拼接方式，并在重要节点处通过砖砌的特殊设计强化产业地区的情境塑造。如主入口山墙采用凸砖叠砌来展现苏纶场不同历史阶段的建筑屋顶形态演变过程，阐释工业文化变迁，形成具有历史意象与怀旧氛围的场所性格（图 10）。而基地西北角的配电房则通过标志塔镶嵌苏纶场在不同时期使用过的十多个场名，追忆其百年兴衰历史。

**城市设计应用案例：浒墅关老镇再生设计**

苏纶场建好以后，浒墅关镇联系了我们，那里的大运河段正在拓宽，想在沿河地区做个相似的商业综合体。通过现场勘查，了解到浒墅关老镇有两千多年的历史，是明清京杭运河七大税关之一。但无论从镇区历史脉络，还是建筑风貌特征，都迥异于传统意义上的江南水乡古镇（图 11）。从清《康熙南巡图》可以看到，古镇沿着运河两岸发展，税关在河道上，关镇相连，河镇相望，展示了两座桥、税关和滨水广场的镇区空间意象（图 12）。我们主动提出整体研究老镇区空间结构与未来发展定位，并选择京杭运河与老镇中心主轴浒新商业街交汇的下塘片区开展城市设计研究。目前，浒墅关古镇已被列入苏州运河十景项目。

### 镇区层面

综合考虑基地历史文脉和环境资源，提出恢复古镇空间意象，通过滨水区活力发展、文化保护与交通动线等空间系统的整合设计，展现浒墅关运河重镇的特色形态（图 13）。在老镇主轴浒新商业街与大运河的交汇处重塑面向运河的“龙华晚钟”历史景点及亲水广场，并在其南北两侧架设跨越运河的两座步行桥，将老镇、钟楼和运河及其两岸联成一体，建构独特的关区形象，强化此地区在京杭大运河上的知名度和影响力（图 14）。同时，发挥运河潜能，通过垂直运河的林荫路建设引导人流通向滨水区，并加密路网，提升其可达性，使镇区面向运河发展（图 15）。另外，严格保护基地各时期的历史建筑（如大有蚕种场、耶稣教堂、蚕桑学校、印刷厂与电影院以及老民居等）与绿化大树，恢复和增建石拱桥，注重水绿生态网络与公共空间体系的衔接。

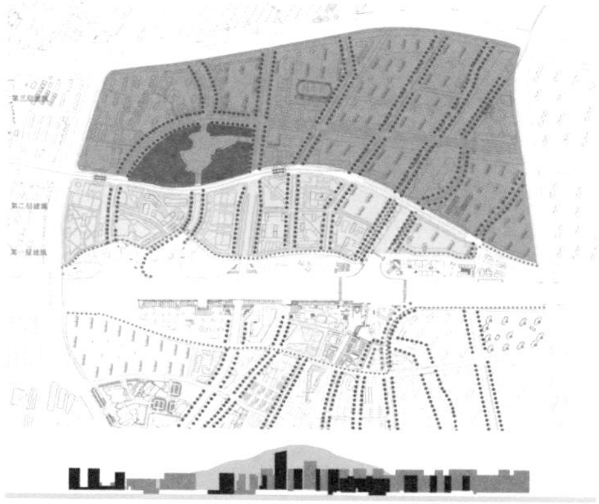
图15

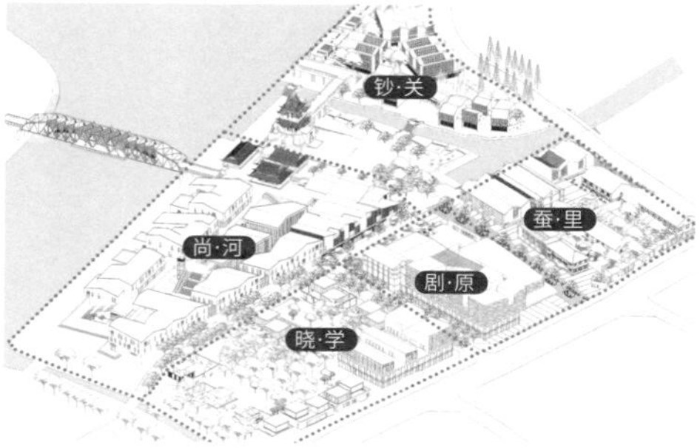

图16

### 街区层面

在城市设计方案得到地方政府和规划局支持与肯定后，调整行政区划与街道路网，并对蚕里、剧原、晓学、税关与尚河等重点街区单元进行深化设计（图 16）。其中，蚕里街区是始建于 1926 年的大有蚕种场老厂区，曾是国内近代建场历史悠久、规模最大的私营蚕种场，植入文化展示、咖啡简餐、茶舍酒店等新功能，打造桑蚕文化体验区。街区内部在保留原有厂房与树木的基础上，通过公共空间的内置与重组来激活蚕室建筑的社会功能和场所性，注重多入口的空间引导、多路径的漫游体验与多庭院的特色氛围营造（图 17）。街区外围通过柔性界面设计，实现对社区居民的开放，基地西侧保留原河道弯口的水运码头，并拓宽成开阔的港湾空间，延续老厂区与水的联系。同时，通过风雨廊建设将亲水漫步体验引入老厂区，促成历史环境与小镇新生活的交叠融合（图 18）。

图17

图18

### 建筑层面

严格保护洋房办公楼和 4 栋蚕室建筑，通过专业性保护、修缮和加固措施保存蚕种场的生产与建造记忆，特别是保护与展现蚕室建筑独特的门窗立面类型，其精妙实用的开窗方式体现了建筑在气候调节技术上的创意（图 19）。新建筑提取原厂房的双坡屋顶为原型，在既有厂房的南北两侧平行加建相似的、连续折线的坡屋顶新建筑，通

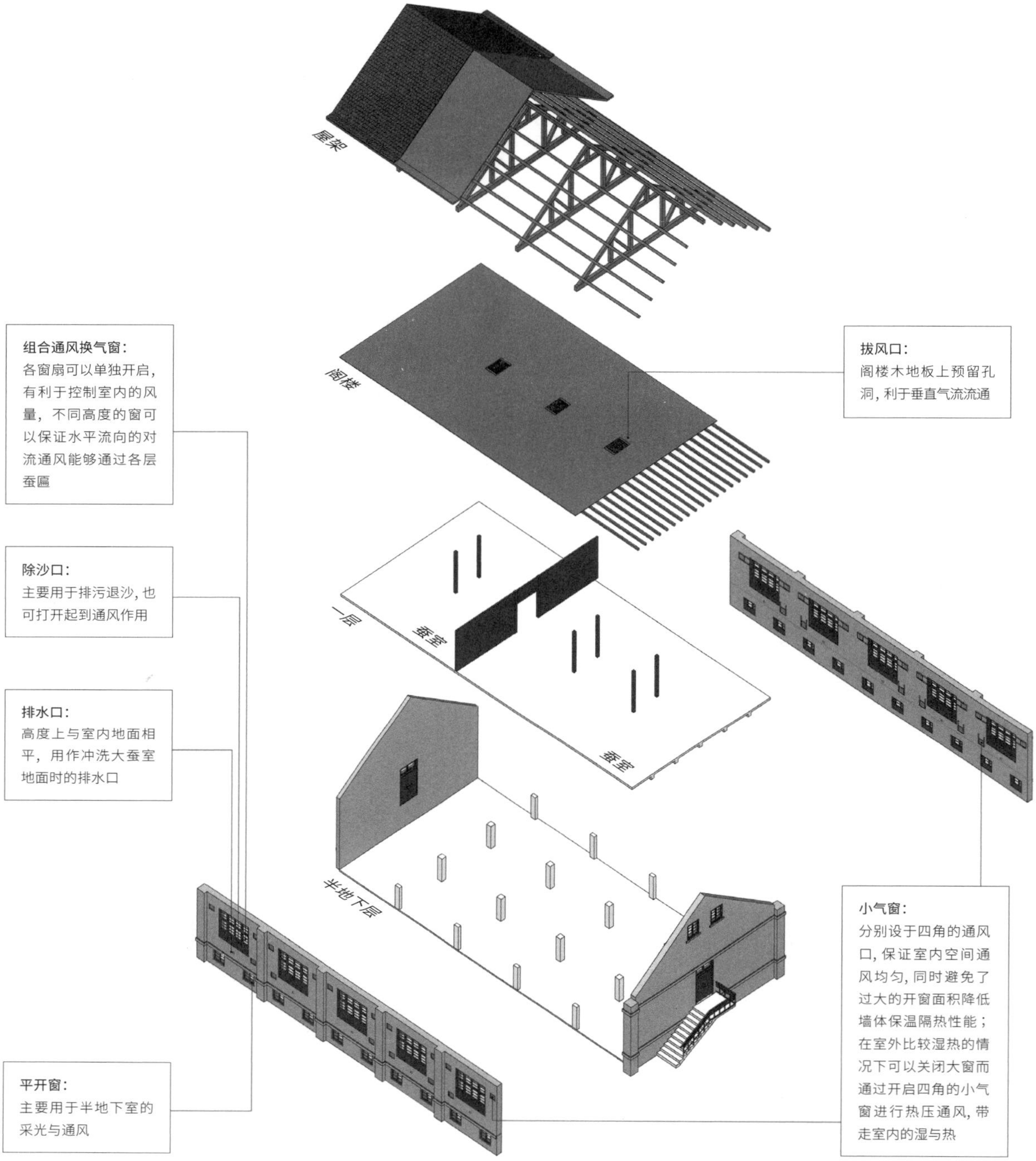
屋架
阁楼
一层
蚕室
蚕室
半地下层
组合通风换气窗：
各窗扇可以单独开启，有利于控制室内的风量，不同高度的窗可以保证水平流向的对流通风能够通过各层蚕匾
除沙口：
主要用于排污退沙，也可打开起到通风作用
排水口：
高度上与室内地面相平，用作冲洗大蚕室地面时的排水口
平开窗：
主要用于半地下室的采光与通风
拔风口：
阁楼木地板上预留孔洞，利于垂直气流流通
小气窗：
分别设于四角的通风口，保证室内空间通风均匀，同时避免了过大的开窗面积降低墙体保温隔热性能；在室外比较湿热的情况下可以关闭大窗而通过开启四角的小气窗进行热压通风，带走室内的湿与热

图19

过建筑实体与廊道空间、窗与墙的相互错动构成虚实变化的形体秩序和韵律，塑造新旧辉映的整体滨水景观（图 20）。基地南侧是古典柱式外廊的洋式办公楼，相邻新建筑以低调平和的简洁体量与其对话，通过柱廊空间和内退的竖向窗扇做立面形式的呼应，在相似的比例和尺度模数控制下形成新旧建筑共生的叙事场景。

图20

**材料构件**

新建筑外墙沿用了场地中固有的青砖与浅灰色涂料，通过自然而简约的材质弱化立面表现性，达到衬托原有厂房的目的。同时，选用少量的锈钢板作为点缀，与老建筑的红窗相互呼应，通过材料的时间变化特征呈现场地的历史氛围与怀旧情感。另外，新建筑采用轻盈的钢结构体系，尽量缩小梁柱板等结构构件尺寸，保持与老建筑砖木构件尺寸的协调。新风雨廊采用轻钢屋架形式，简洁有力的金属杆件的交叉与拉接形成丰富的空间层次，通过材料的建构语言来叙述空间的历时转换（图 21）。在外墙细节设计上，采用轻盈丝滑的金属线在建筑山墙外侧覆盖半透明的白色纱幔，意喻清淡雅洁的蚕丝文化。山墙的青砖面采用江南匠作的传统工艺，并通过花墙砌筑方式体现地方传统的关席文化，让历史信息延续至当下生活（图 22）。

图21

## 4　结语

我们在苏州地区的街区更新设计实践，是对存量建设背景下建筑与城市相容共生之路的积极探索，不仅提供了层层递进地观察城市结构形态及空间要素的认知视角，而且以要素开放与系统整合为导向，探讨了与城市形态多尺度空间相对应的设计主题内容及技术方法。在实践路径上，自上而下的城市设计主要通过系统设计与底线管控的方式，将城市形态管控内容融入现有的规划体系与法定程序中，实现城市设计到设计控制，以克服行政管理边界的空间切分与行政管理任期制的时间局限；自下而上的建筑项目主要依靠广大建筑师们，需要加强城市设计意识与知识的学习，理解城市、尊重历史，回归文艺复兴时期的设计通才培养方式，并在城市场所营建与环境品质提升中发挥关键作用，可以由单项的设计工作逐步扩展到参与规划、提出策划、主导设计、指导运维等多个环节，或者联动规划、景观与市政等专业，探索总设计师制度，以应对越来越复杂、多元且不断变化的城市环境。

图22

# 公共空间
# 作为一种设计线索
## Public Spaces as a Design Thread

于雷
Yu Lei

图1

图2

这是公司发展的第二个十年，较上个十年我们身处的世界、我们的社会和城市都在发生着深刻的变化。作为中国城市化的亲历者，九城都市在投身其中的同时也在不断反思和再认知我们的社会和城市，并且试图通过设计工作来表达我们的思考、影响我们的环境。在这一过程中，对公共空间的讨论（图 1）超越了项目类型、具体功能和尺度差异，成为我们切入各类项目的一个重要线索。

公共空间是建筑设计的一个重要主题，我们关心的不只是物质形态的空间，更是空间背后人与人之间、个人与群体之间、群体与群体之间的联系，由此引申出对于"个体与共同体""差异与共享""功能空间与公共空间"以及"共同体与城市"等多维度的讨论。我们认为公共空间这一主题在中国城市化语境下是一个需要长期面对的问题；而且在不同尺度的城市空间内均可被讨论。以之为线索，我们可以对建筑的使用者、建筑的功能与空间、建筑与城市的关系做出多维度的思考。公共空间建造和使用的每一步都包含着人们对于人际互动可能性的新认知，为此建筑师的思考需要具有前瞻性和批判性、需要提出问题并和有关各界人士一起探讨价值的取向和实现的途径，最终通过建成空间的体验来形成反馈，这个过程我们认为就是建筑设计的一种赋能过程。

比较巧合的是公司内部我和应鹏、陈泳早期的研究对公共空间这个主题都有所涉及：我的"空间公共性研究"、应鹏的"非功能空间研究"以及陈泳的"人性化街道研究"都在关注这一主题的不同侧面。因此，在我们很多项目构思过程中都能清晰地看到这一线索。

### 个体与共同体

在苏州工业园区第三实验小学设计中，我们和校方共同探讨如何利用公共空间激发个体自主学习的问题（图 2）。我们认为学习过程不仅仅是师生在课堂上的授业解惑，传统课堂考虑的是一致性，对学生个体的差别以及教师教学的个人风格考虑不够。事实上学习过程可以发生在校园内任何空间；学习也不仅是单向的传授而是可以多向多维：通过营造师生之间、同学之间互动的非正式公共空间让学习、成长环境变得丰富而包容，调动每个师生内在的驱动力。

园区三小的教学空间采用普通教室 + 学习中心的水平分层布局，班级教室在二层以上，整个底层形成一个开放式的学习中心：以报告厅为中心，周边布置科学、美术、劳技三个专业教学区。每个区域又由三种类型空间组成：封闭的教室、半开放的多功能厅和半围合的室外庭院，把教学、展示、游戏三种活动场景结合为一体，师生在上课时可以自由选择空间状态；在不上课时又可以成为以科学、美术、劳技为主题，以展示和游戏为吸引力的公共学科角，供有兴趣的同学自主探索。底层学习中心形成整个教学楼的多院落基座（图 3），院落的位置和流线的走向被精心设置，使得上层教室、屋顶露台和底层学

图3

习中心之间不同状态的师生可以互相看到、感受到彼此不同的活动，形成一个更大范围可以互相激发的公共空间。

校方在使用中进一步发展了这个公共学习中心的概念，将其定义为领先的STEM学习中心，未来会进一步淡化科学、美术、劳技等具体主题，突出其开放教学的空间模式，师生可以利用其中任何教室展开任何主题的探索性学习。目前园区三小的这个水平分层、底层学习中心的模式经过多个项目的实践已成为我们公司学校设计的一个基本空间原型。

## 差异与共享

在如皋师范第二附属小学设计中，校方希望小学的6个年级根据年龄段分为低中高三个组团，我们进而提出是否可以通过公共空间设计来处理共同体内部的差异和共享问题。在一个3000多名师生的小学内必然存在由年龄、体格、认知特点和活动习惯差异而形成的亚群体，如果仅仅考虑所有人共享的空间则会使亚群体之间的差异性得不到关注，亚群体需要拥有自己的领域感。我们认为公共空间和私密空间是一对一体两面的概念，公共空间应该是在有差异的人或群体之间形成的共享空间，个人和亚群体应该可以保持自身异于他人的特质，应该可以自由地选择走进公共空间和他人互动或者退回其专属领域独处。

在设计中我们提出设置多层次公共空间并通过一圈架空环廊来调节它们之间的相互关系。低中高三个年龄组团形成三个亚群体的专属领域，每个组团呈C形半围合布局，其开放的一端共同连接一个更大的架空椭圆形环廊。环廊外侧各组团内配齐了该群体所有专属教室、特色学习中心、室外活动露台和私密花园；环廊内侧则围合出中央花园广场和报告厅作为全校大共同体的共享空间。

架空环廊（图4）在校园内形成一个重要的调节器，它既分隔了不同年龄段亚群体，使其拥有尺度更适宜的归属感；又把他们拉在一起，通过一个形式感强烈的建筑给全校共同体以一个明确的想象。环廊自身因为其连接作用成为不同群体频繁相遇和互动的场所，所有年级都可以在此共享各种展示、学习和运动设施。环廊下的架空层灰空

图4

间就像古希腊广场周边的敞廊，向前则进入广场公共空间，后退则处于安全而熟悉的私密领域。

图5

### 共同体与城市

在张家港凤凰小学、扬州梅岭小学中我们提出学校内部的师生共同体和周边城市之间是否可以存在公共空间，让内外不同群体之间产生某种积极的互动？一直以来出于安全、管理、产权等方面的原因，学校周边都会设置围墙把学校和外部城市分隔开来，这也影响了学校的总体布局，其空间多数情况下是内向封闭的，围墙内外不同群体之间的互动很少。我们提出通过设计打开边界，共享设施、鼓励互动。经过和行政管理部门、校方多次讨论，这一探索的价值被肯定，同时也推动了规划审批、学校管理做出相应调整。

建成后的两所学校部分围墙取消，学校主要公共设施报告厅、图书馆、风雨操场直接面向城市，成为城市街道的组成部分（图 5）。以前建筑与围墙之间的消极边界转换成宽敞宜人的家长接送区，家长可以走进校园建筑，了解监督学校餐厅、球场的日常运作。因为对周边社区开放共享，凤凰小学的报告厅还获得了额外的资金投入，提升了设施的硬件标准；凤凰小学的图书馆同时向市民和学生开放，接送孩子的爷爷奶奶们可以提前来图书馆看书，放学后的孩子们可以在图书馆自习等待家长来接。教师和家长志愿者参与到课后孩子们的阅读和作业辅导，不同角色的社会群体因为这样的空间设计交汇在一起。

开放边界和设施共享激发了不同群体间的互动，让许多学校与社会之间存在的问题有了一个通过公共空间的磨合渠道。当然新模式必然会带来新问题，这又进一步鼓励各方使用者探索各种自组织途径，并促使管理者研究新模式下的管理思路。

图6

### 功能空间与公共空间

空间的功能属性强调的是达成某种目的的工具性，本质上是人与物的关联；而空间的公共性强调人与人的关联，公共空间是一种交往空间。但是我们并不将两类空间看成是一种二元对立的关系，提到功能空间就排除公共性的讨论，而是更为注重由功能带来的人的连接，即用公共性为功能空间赋能。这方面我们熟知的案例是星巴克咖啡厅的概念，他们一直标榜不仅是在卖咖啡（功能性），而是更关注人的连接（公共性）。

苏州实验小学漂流图书角设计（图 6）是一个校园微更新的小项目，探讨的主题是如何把一个功能性的走道转变成一个有活力的公共空间，为校园提升赋能。项目利用了教学楼的一段宽走道，通过设置可变家具让走道可以转换成不同的空间状态，支持阅读、展示、授课和游戏等多种活动场景。漂流图书角解决了学校的一大痛点，即学生日常活动的空间和时间都不支持他们充分利用图书馆。图书角的出现把图书馆的书搬到学生课间可及的走道，支持了师生基于这一场景的多种读书和分享活动。

苏州华能电厂的改造提出功能性很强的城市基础设施是否需要面对城市公众获得公共性，是否可以通过设置公共空间来加强公众对于城市基础设施的了解。我们的设计将一条公共参观流线和一系列室外庭院平行地嵌入生产流线周边，将现代化的生产流程、安全清洁的生产环境通过人的身体体验直观地传达给城市公众。这个公共空间设计在城市公众和基础设施之间建立起一个沟通渠道，降低了市中心基础设施带给市民的不安情绪。这个项目的成立和推进过程对于城市规划管理部门和电厂业主也是一个很好的公共性的再认识过程，其正面的社会影响力让越来越多的同类项目把公共性设计作为项目的基本内容。

图7

花桥艺体馆提出的问题是公共建筑的公共性仅仅是因为其功能服务于城市公众吗？如果市民不使用这些功能就不能进入吗？艺体馆的功能包括剧场、体育馆、图书馆、配套商业，这些设施虽然都为城市公众服务，但也是功能性的，如果仅仅强调功能的消费而不能建立人的连接，其公共性依然是不足的。艺体馆的公共性来自人的连接，这种连接既可源自人们对于同一种功能的参与，也可源自市民无目的的漫游。

为此我们提出艺体馆的空间形态不应是一个封闭的盒子，而应是功能体围合出城市空间：所有场馆靠场地周边布局，中央形成向市民开放的公共空间，通过“峰谷”概念的公共空间设计鼓励市民自由穿越、自发活动，同时通过流线和视线设计使馆内外活动的人群可以产生多种有趣的交流（图 7）。我们认为日常生活中公共空间的价值不在于传达某种抽象的意义，而是能够为不同人群提供一个观察彼此的角度、营造一个鼓励互动的场景。

过去十年，我们接触了包括教育、文化、社区在内的各类公共建筑，每年这类项目在国内都有大量建造，但是多数建成项目对于空间背后人与人、人与群体、群体与群体之间的批判性思考不足；另一方面，空间的决策者和使用者也经常是以自上而下管理者的思维来简化或忽略公共性问题。我们认为公共空间是不同个人、不同社会群体之间一种重要的磨合渠道。人们在公共空间中认知陌生人和事、学习与他人相处、人际互动减少了分歧促成共识。同时通过自身的设计实践，我们也认为以公共空间为线索，提出公共性问题，引导参与项目的社会各界人士共同思考形成合力才能真正实现“设计赋能”。

# 文化

# CULTURE

# 2011—
# 2014

# 为了忘却的纪念

# In Memory of Forgetting

浙江湖州梁希纪念馆

Liang Xi Memorial Hall, Huzhou, Zhejiang

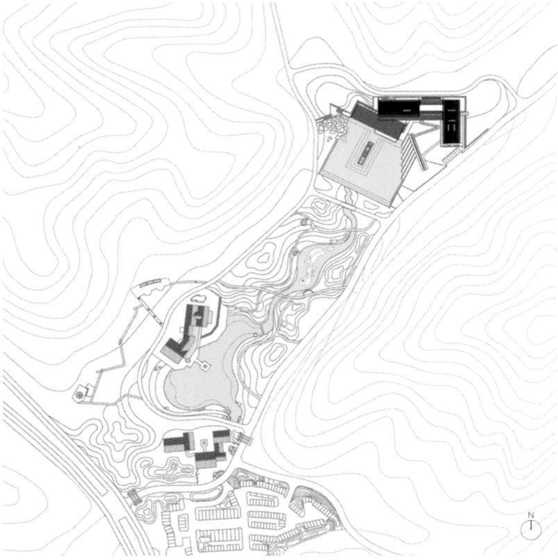

纪念馆位于浙江省湖州南郊梁希国家森林公园入口处北侧，三山环抱，溪水清澈，总建筑面积约为3900m²。梁希纪念馆的纪念性不是以建构的方式强化空间，而是以“反纪念”的方式融入日常生活之中，是一次关于“反纪念性”纪念建筑的思考与实践，并因此从“为了纪念”的纪念走向“为了忘却”的纪念。

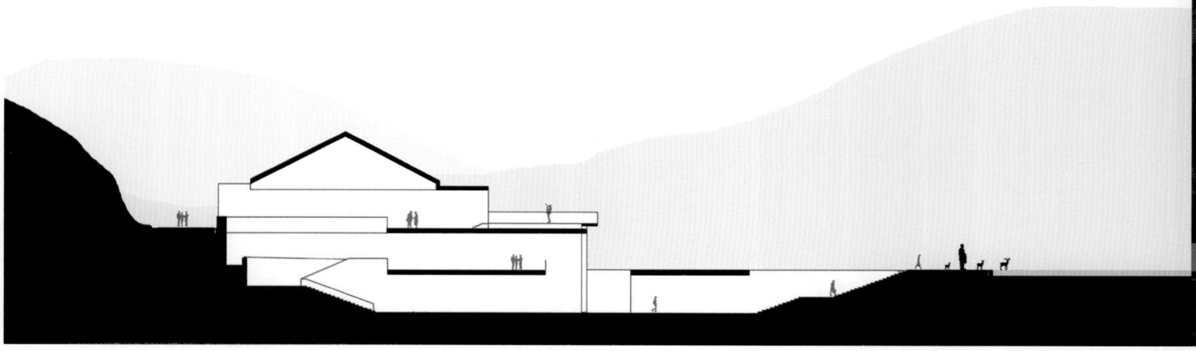

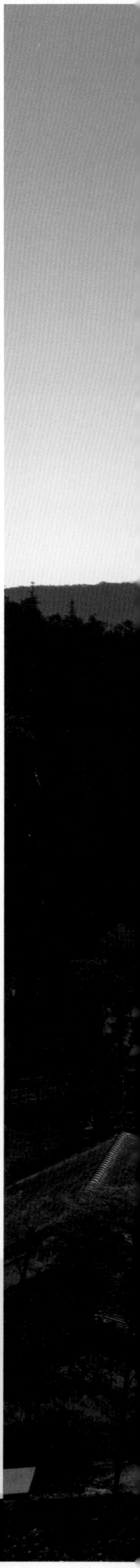

梁希纪念馆

### 模糊的边界

这座建筑没有主入口，也不存在开始与结束的逻辑秩序。坡道作为建筑形式的重要表现，但并不因此定义主入口，而是为了消解主体建筑的尺度与体量，并且作为空间布局的重要前景，在秩序上也不是指向空间的开始。参观者与雕像间被宽阔的水面相隔，水面的几何化刚刚将纪念性从自然中强化出来，却又瞬间消失在水面倒影的山色流云之中。梁希纪念馆的建筑空间以自然的方式融入自然环境之中，而纪念性则以反纪念的方式融入“非”纪念性的建筑空间之中。

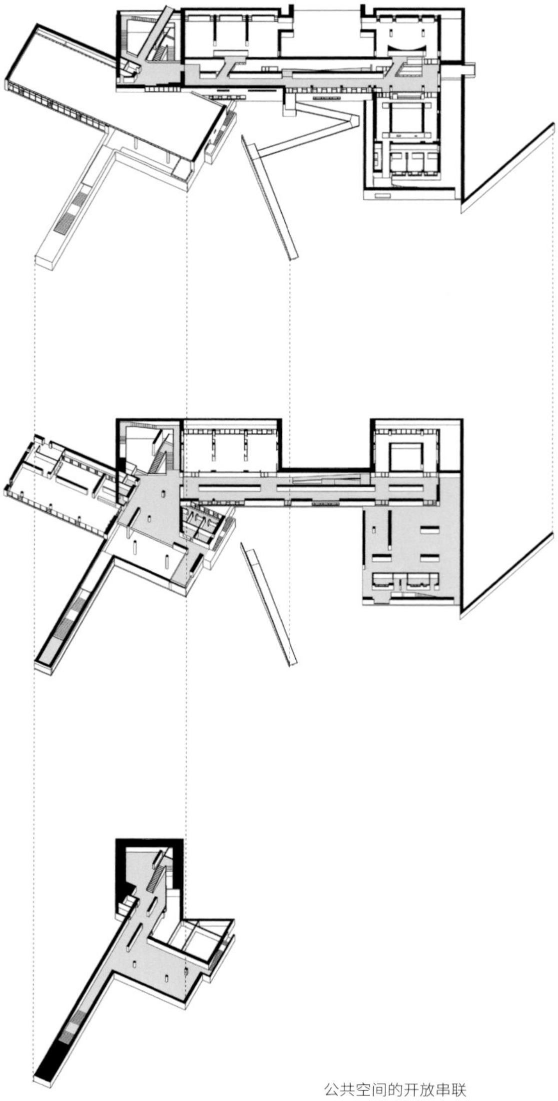

公共空间的开放串联

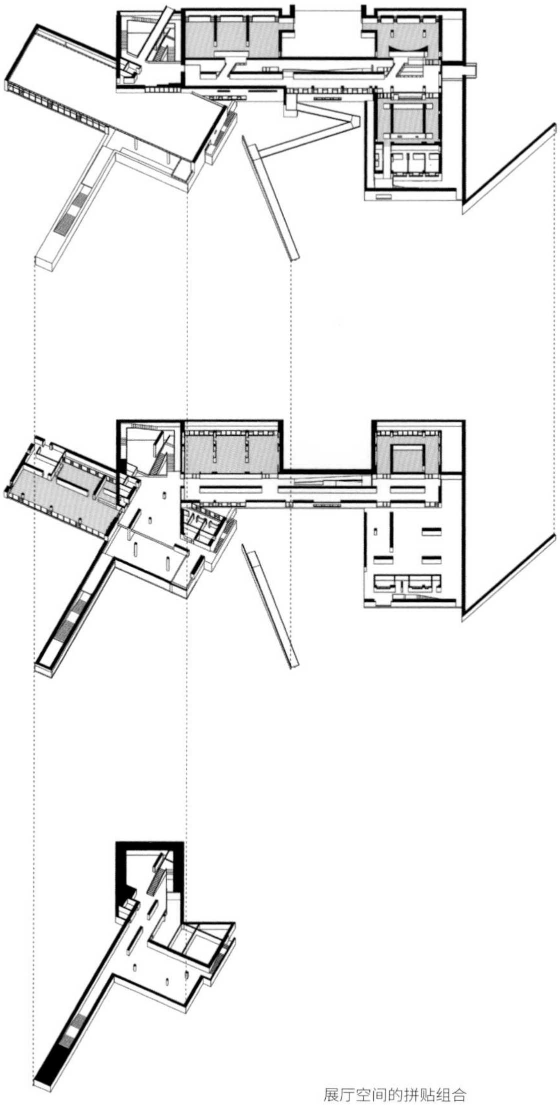

展厅空间的拼贴组合

### 漫游的行为

首先，在流线上不强调完整而明确的参观路径，东侧、西侧、北侧均有入口和公园人流相对接。非纪念性的日常功能和常识性的公共内容穿插其间，空间布局强调非连续性的片段，参观者随机的偶然性取代了空间预设的逻辑性。其次，不试图通过空间上的封闭与隔离将参观者诱入被纪念者过去的某种特定的生活场景，开放的庭院与窗景明确地肯定着参观者的现实身份。

纪念馆

## 植入的日常

连接展陈空间的通道特意加宽，并有良好的天光和窗景，使得这一空间既是走道，又是展廊。总建筑面积有近1/3 的空间没有围合，直接开放为梁希森林公园的公共活动场所。纪念馆西侧设计的临水茶吧和阅览相结合，陈列着与梁希及林学相关联的各种书籍；中间部分二层西侧的流动展厅对社会公众开放。这些日常功能的介入既是对建筑空间中传统纪念性的消解，也是反纪念性纪念的设计策略。

梁希纪念馆中的展陈不是被强制约定的，而是可自由选择的；梁希纪念馆中的纪念不是主张膜拜的，而是被真诚相邀的；梁希纪念馆中的梁希不是被神话的，而是被尊重的。如此的梁希才是真正可被亲近的，甚至是可被超越的。或许这才是纪念性建筑真正的纪念意义，这应该也是被纪念者梁希最美好的愿望。

城市是一个复杂的空间系统，也是一个复杂的社会系统，只有两者同时兼顾，城市才能更有效地承载复杂而多样的城市生活。建筑设计必须同时承担起空间的社会责任，才能从根本上提升城市的空间品质与生活品质。

The city is a complex spatial system, and a complex social system as well. Only by taking both into account, will the complex and diverse urban life be effectively conveyed. Architectural design must take on the social responsibility of space at the same time, and therefore fundamentally improve the spatial quality and quality of life.

缺点并不是致命的，重要的是有没有特点。

The shortcomings do not matter; it's the absence of features that counts.

# 2013—
# 2016

# 落入尘寰的
# 圣石
# Sacred Stone Falling into the Dust

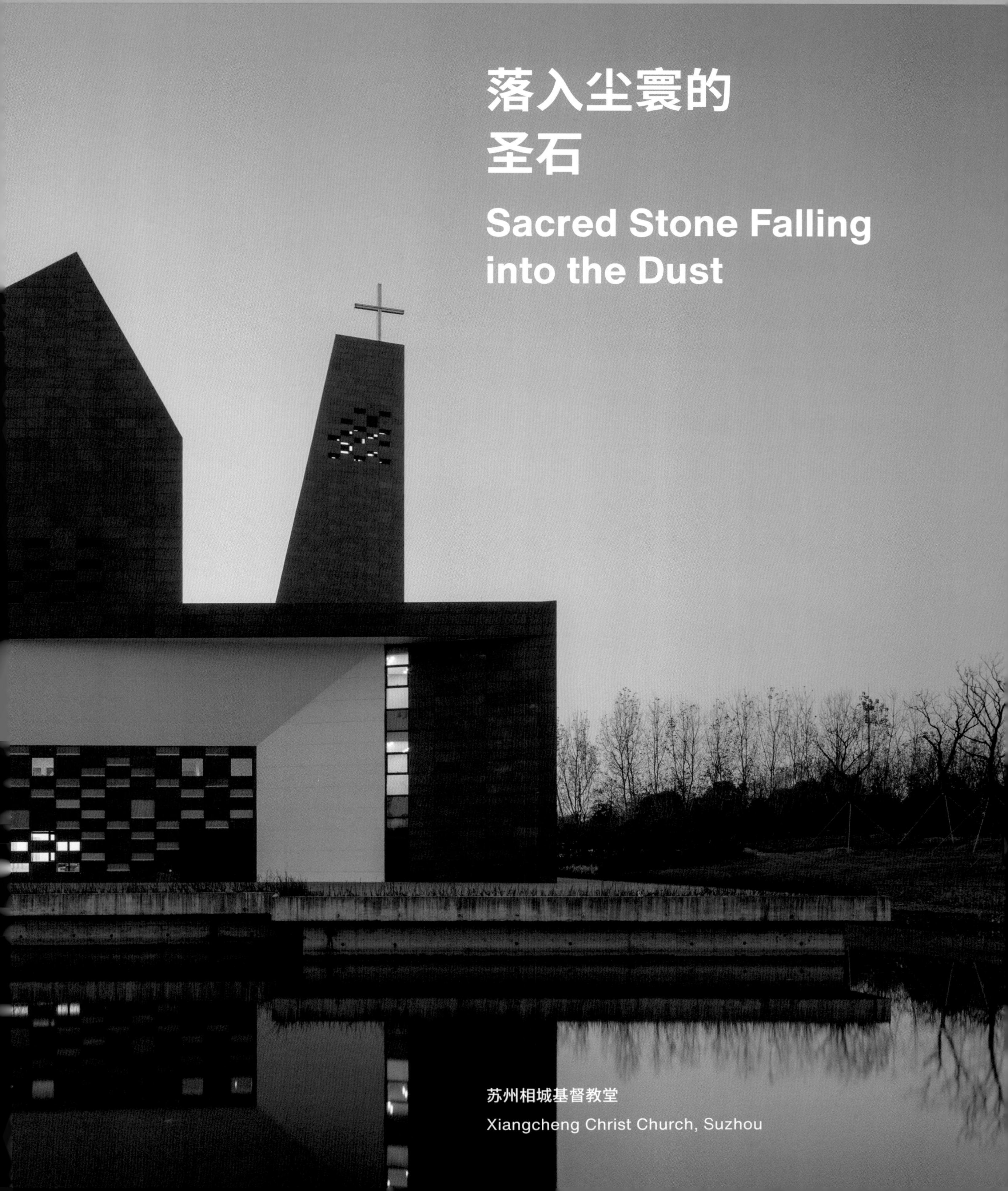

苏州相城基督教堂

Xiangcheng Christ Church, Suzhou

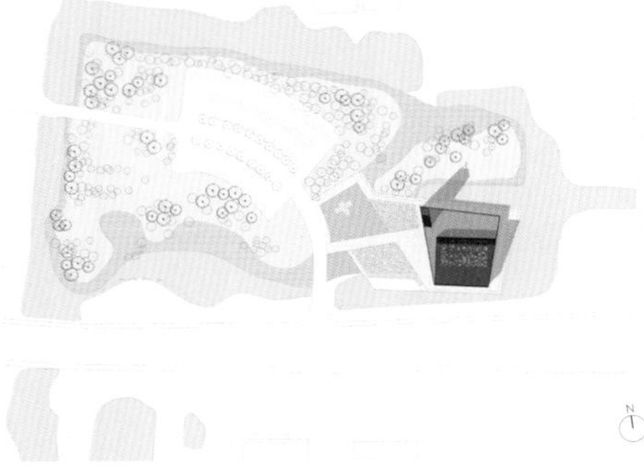

教堂位于虎丘湿地公园东侧入口一隅，三面环水，总建筑面积约为 5500m$^2$。宗教信仰注重亲临体验的仪式场景。建筑师也相信空间形式的仪式感与行进中的体验是场所精神最重要而微妙的内涵。教堂建筑恰好是将宗教、空间这两种信仰合二为一的类型，无形的信仰在特定时空中展现出的“形状”总是具体的，可感知的。

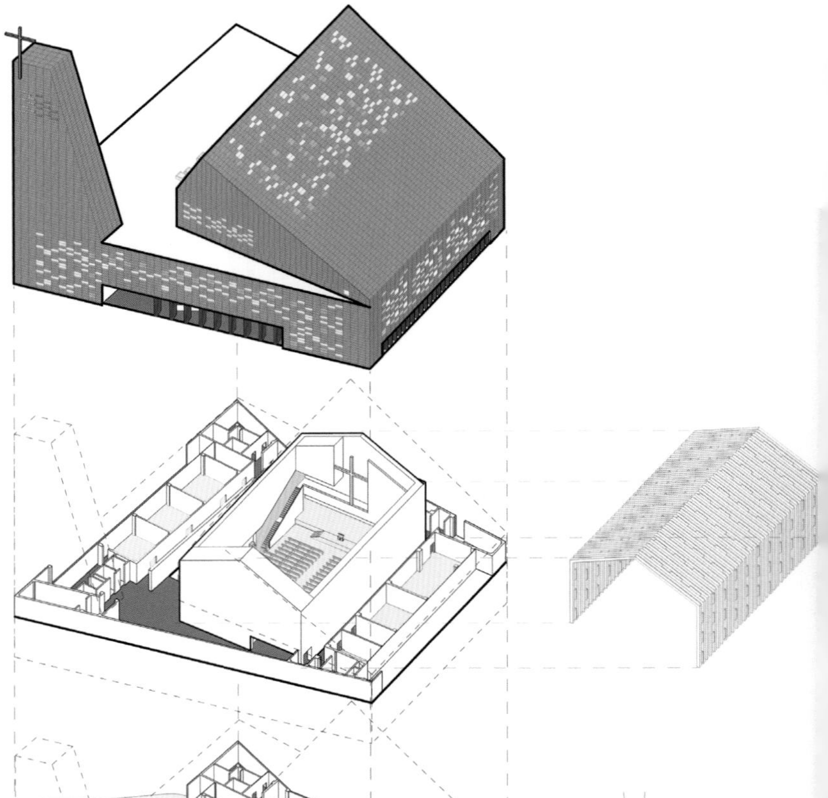

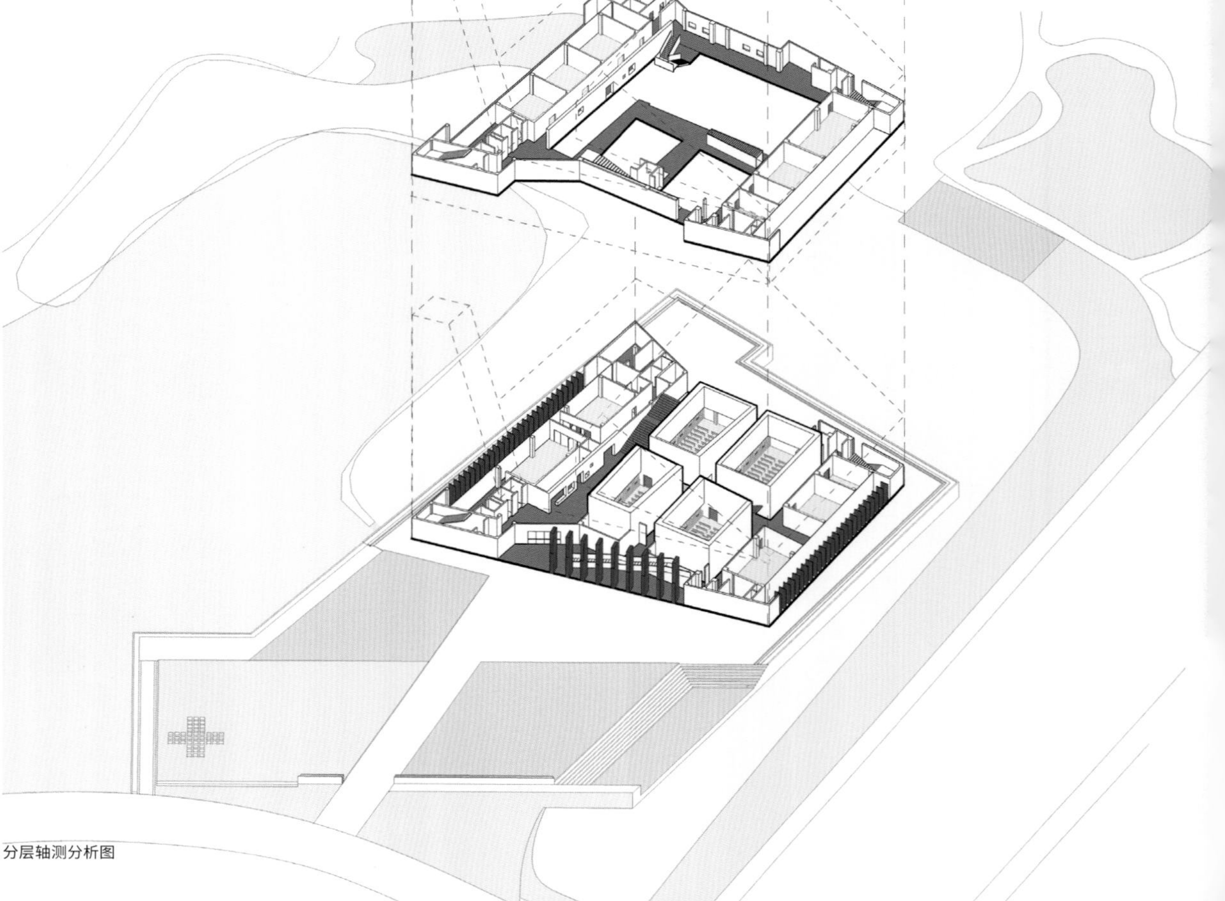

分层轴测分析图

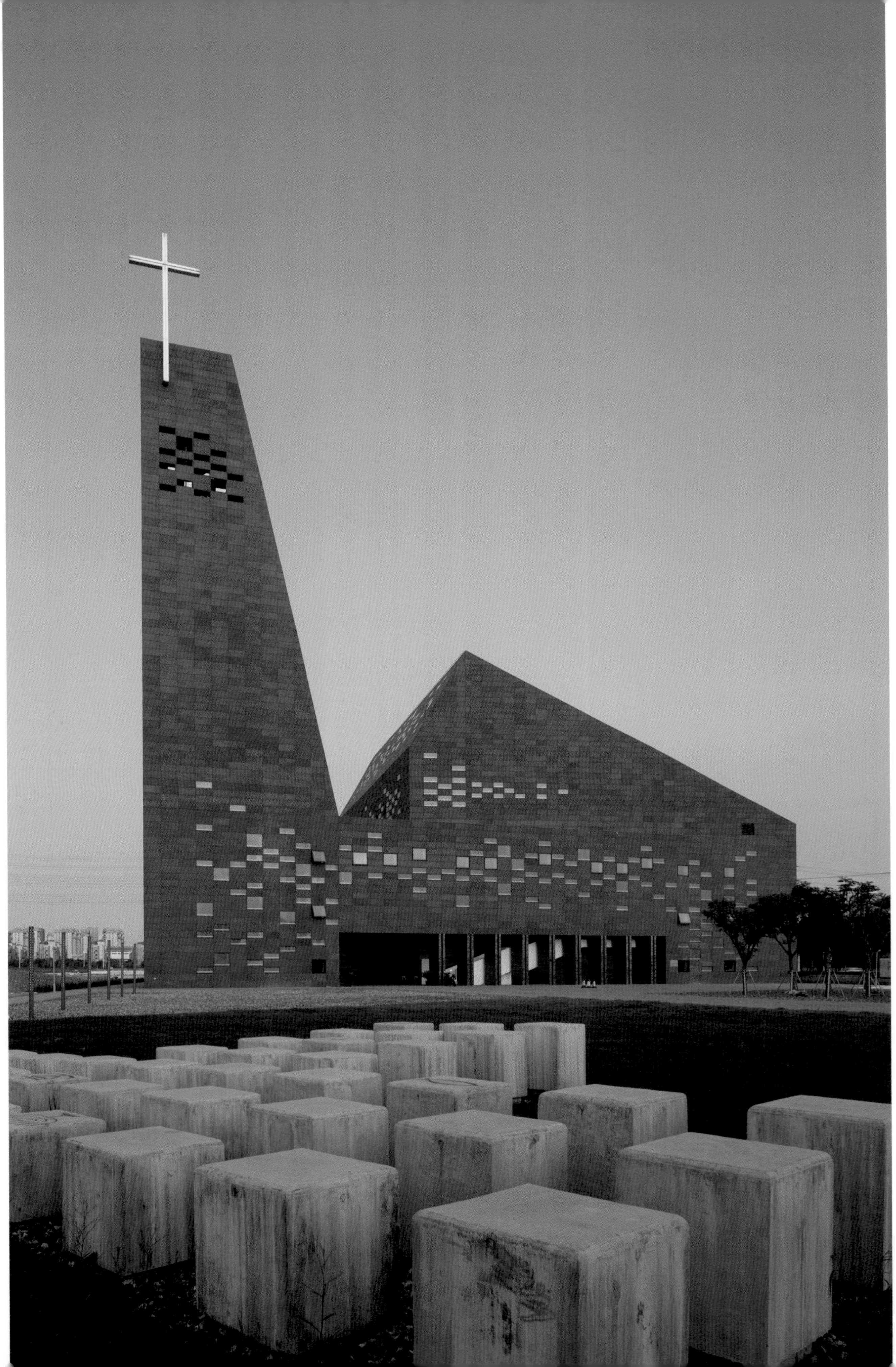

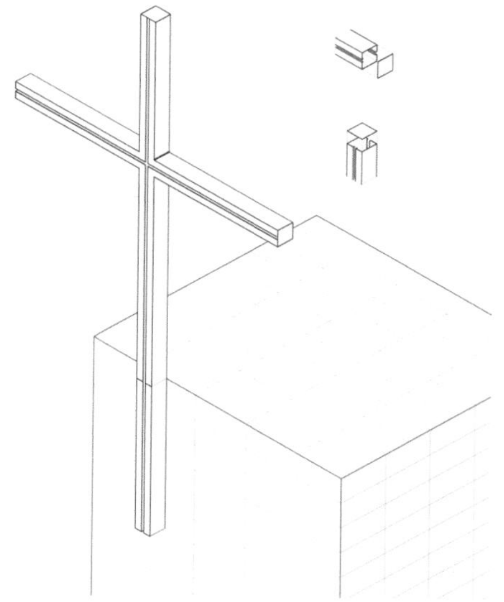

十字架构造详图

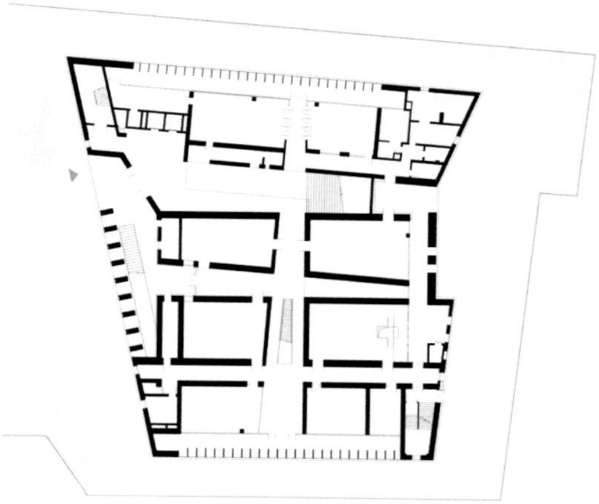

一层平面图

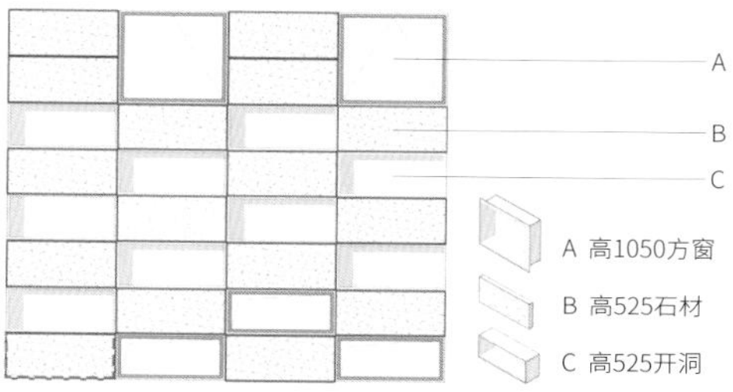


表皮模数详图

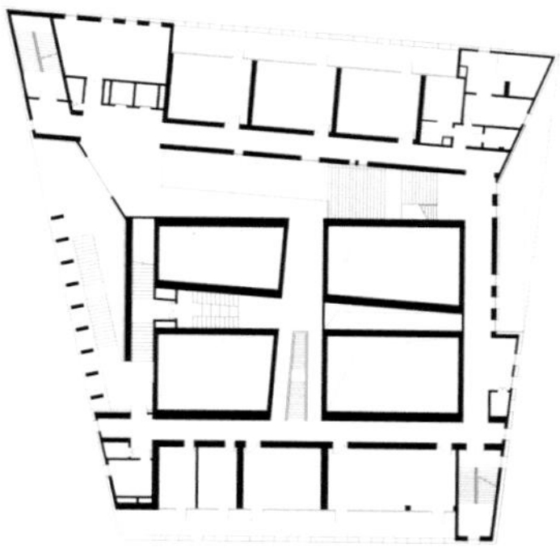

二层平面图

**信仰的形状**

建筑主体是坚实肃穆的雕塑性几何体，显示出三个简洁有力的基本体量的组合。其形式逻辑是在四方体的礼拜堂组合基座上叠加非对称的楔形屋顶，高耸的梯形锥体竖立起钟楼的轮廓。最高处，悬浮的十字架标志设立于此。建筑宛如一方落入尘寰的圣石熠熠生辉。

我们有理由相信：设计作为信仰的物化过程，其策略的核心是形式的“适度介入”，围绕“仪式感和体验”，用几何和空间的根本性手法去营造光和质感的场所，精心打磨此时此地的“形式和情状”。

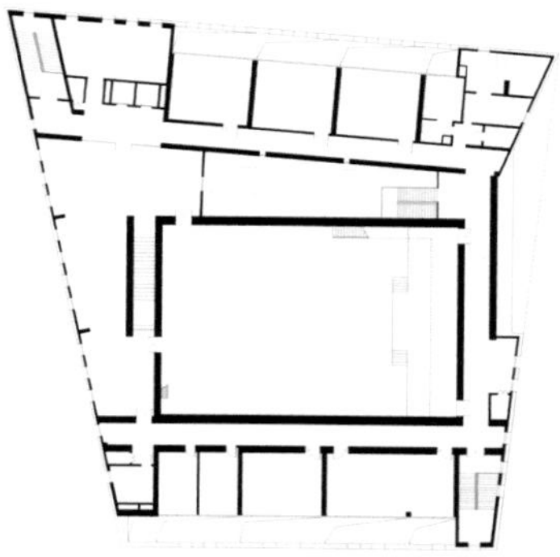

三层平面图

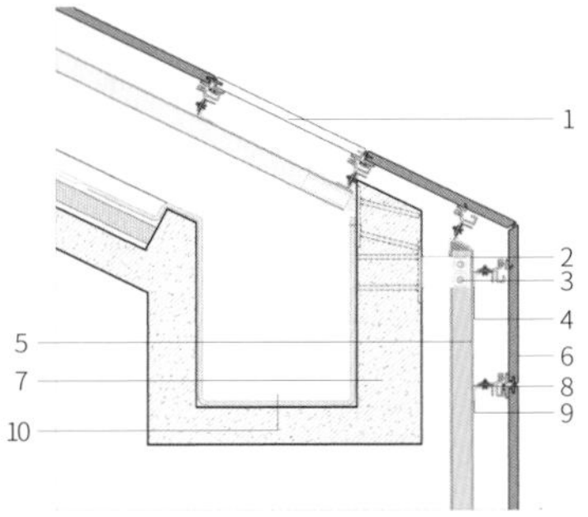


屋面隐藏式排水沟详图

1 开洞石材
2 4×40×40热浸镀锌钢垫片
3 2-M12不锈钢对穿螺栓
4 L50×150×8-100热镀锌折弯角钢连接件
5 50×70×4热镀锌钢方管立柱
6 30mm厚水洗面蒙古黑花岗石
7 M6×32不锈钢螺栓
8 L56×36×4热镀锌角钢横梁
9 L50×5热镀锌角钢连接件
10 隐藏式排水沟

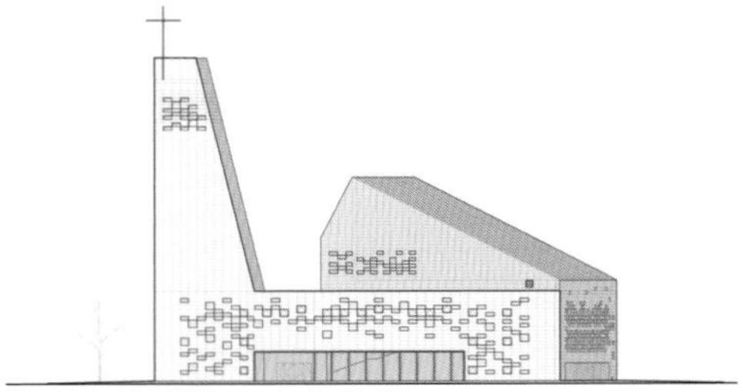

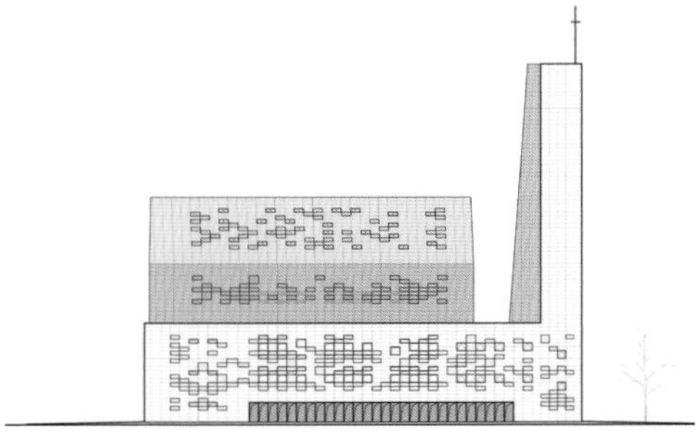

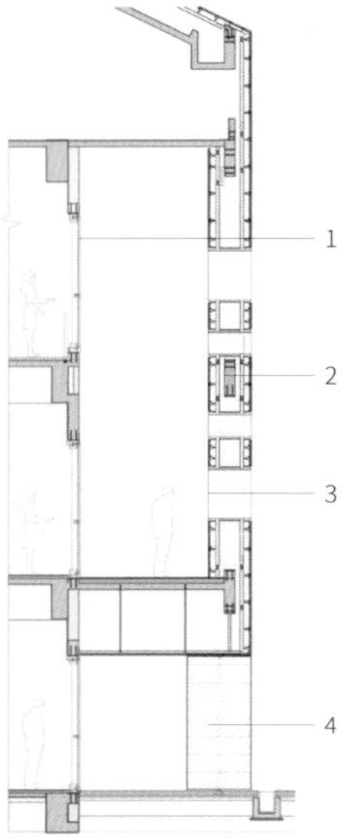


墙身剖面详图

1 竖明横隐玻璃幕墙
2 30mm厚水洗面蒙古黑花岗石
3 2.5mm厚铝单板窗套
4 水平向棕色碳化木

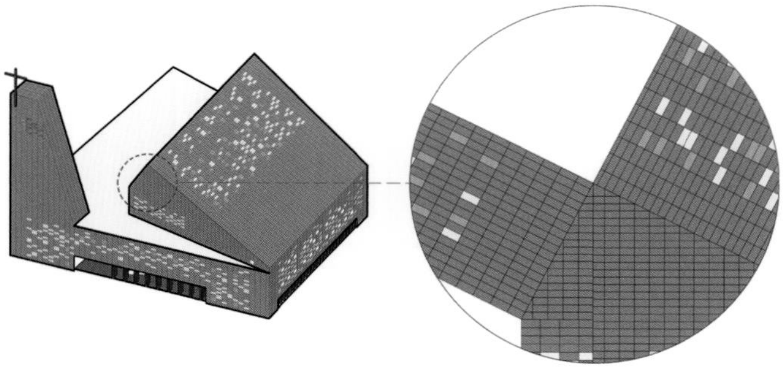

## 模糊的边界

黑色水洗面花岗石材质的表皮整体性地包裹体块，并顺势渗透、延伸进室外铺装与室内地坪。建筑首层在南北两侧设置了通高的木门，可做90° 开启，可由封闭切换为光与风景的通廊。真正的边界是隐退其后的玻璃幕墙。借此，建筑室内与室外之间形成了一个模糊的“中间”地带，用以消解内与外、精神与现实世界的边界，这个通廊内恍若容纳了亦真亦幻的两个世界。

**神性的天光**

主礼拜堂的整体塑形强调“空间形式的仪式感”。内部空间的主要界面以白色喷涂为主，开放及交通空间的地面是外墙黑色石材的延伸，礼拜堂等室内地坪用暖色木质统一。以纯色及对比来统一空间，营造礼拜堂的静谧氛围。自然光与人工光，室外光线与室内光线，并存混杂在一起。纯净明亮的白色布道环境意在引导人的精神向高处升腾，所以天光成为教堂空间的主题。主礼拜堂顶棚四折面一体的条状结构的装饰性母题由温暖的木色质感承托，形式是对唱诗班和管风琴的隐喻。

以简洁的几何语言精心组织“天光”这一策略也贯穿在通高的中庭、廊道、悬浮的楼梯、展厅和小礼拜堂顶棚的设计中。而围合面的格构开洞的手法是对顶光形式语言的一体化呼应，结合楼梯和挑廊促进共享空间的交流。设计者至此发展出一套强调体验的“非功能性”原型范式，将几种基本语言元素有机地组合起来，形成空间中的对话、活动交流和视觉焦点。这种综合性的空间模式则是围绕“行进中的体验”展开，回归现象学意义上的空间本原。

我们总是在追求完美，从而走向了平庸。

We're always striving for perfection, which leads to mediocrity.

围合并不是在封闭一个空间，而是打开了另一个空间。

Enclosure, instead of closing off one space, opens up another.

过于实用的人生是没有意义的，过于实用的空间也是无趣的。

A life that is too practical is meaningless; a space that is too practical is boring.

# 2013—
# 2017

# 走向日常的纪念

# Toward Everyday Remembrance

苏州相城区孙武、文徵明纪念公园

Sun Wu and Wen Zhengming Memorial Park, Xiangcheng, Suzhou

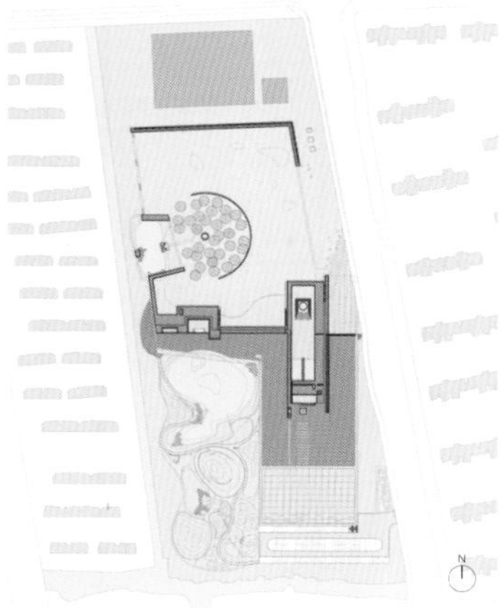

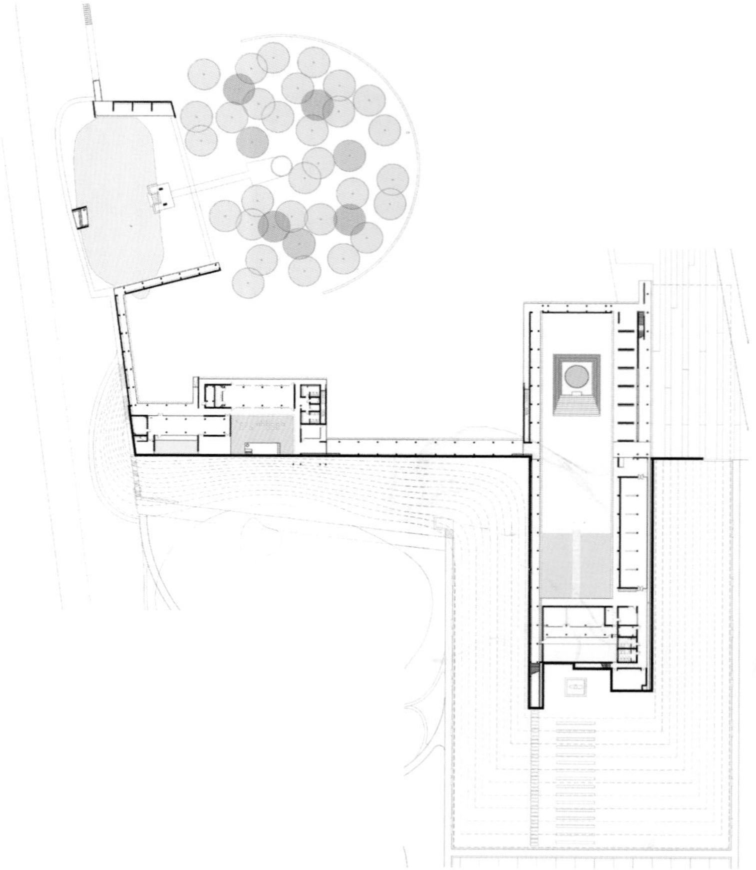

一层平面图

孙武、文徵明纪念公园将日常性带入纪念性，它既不是“墓园”，也不是“纪念园”，而是日常性与纪念性相互交织并彼此渗透的城市公共活动场所。公园位于阳澄湖西路与文灵路交叉口的西南处、万家邻里的正南侧，总建筑面积约为4600m²。

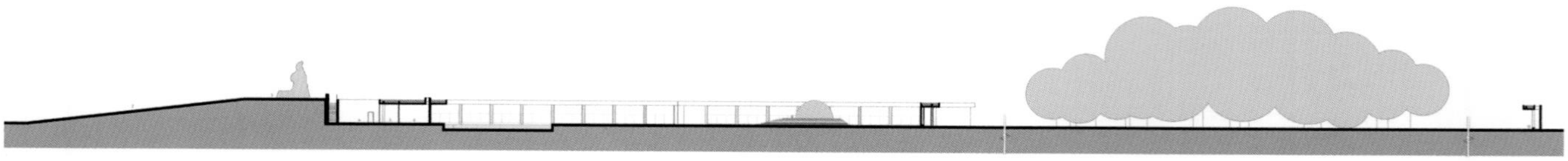

孙武纪念公园轴剖面

### “生”与“死”的对话

苏州相城区孙武、文徵明纪念公园是结合孙武与文徵明两位先贤的墓室而设计建造的开放性城市公园。文灵路，原名文陵路，顾名思义，正是文徵明的墓室所在。墓室的西侧，树林之外是一处不大的水池，传说是文徵明洗笔之处。而其南侧偏东相距100m左右的孙武墓室则并非真正的孙武墓室，而是经考察和按先秦里程推算，重新修建的纪念墓地。园中，孙武和文徵明的历史价值早已转化为一种苏州的文化符号与精神认同，是渗透于城市日常生活中的价值认同。此时，“生”与“死”的对话成为可能；死亡已不是生命的终点，而是转化为永恒的文化认同；纪念不再是对死亡的缅怀，而是对永恒的庆典。

## 礼仪与漫游的交织

祭祀礼仪与随机漫游作为两种主要的空间体验方式，为孙武、文徵明纪念公园提供了两种由不同的秩序和潜力构成的多重网络关系。

孙武墓区的祭祀空间，是典型的权力空间与政治空间，由南向北，轴线明确肯定，高度起伏变化，空间大开大合。南端起始于一处开阔的祭祀广场，可同时容纳几千人的祭典活动；广场北部坡地抬起，顶端为孙武雕像，有强烈的礼仪感与纪念性。由广场从坡地西侧向北拾级而上，礼仪感随登临高度的变化渐次增强，继续向北拾级而下，经过一个相对狭窄的、长长的甬道，孙武墓区这个矩形纪念空间在眼前水平展开，由狭至宽地释放出纪念空间的节奏变化。北端的远处，孙武墓穴静静地安置于地面，似乎在等待着终极的拜祭。

与孙武墓区轴线对称、直线递进的空间序列及其所呈现的庄严肃穆感不同，文徵明墓区的祭祀线索曲折、隐秘而多变，它似乎没有明确的起点，而是潜伏在孙武墓区展廊的一隅，悄悄向西延伸。文徵明墓区入口是一处开放的院落，院落中设有昆曲表演舞台。西侧连廊向北，穿过西北转角处的开口，围合在水池周边的文徵明墓区悄然展开。和孙武墓区祭祀体验的大开大合相比，

文徵明墓区的祭祀体验更加接近日常空间的生活尺度，属于诗意的文学与绘画空间。

除了两条不同但明确的祭祀线索外，随机的漫游路径所承载的公园的日常行为才是公园真正的行为指向。它们与既定的拜祭路径相交织，并在不断解构与建构的重组中随机定义着访客主体的自我选择。

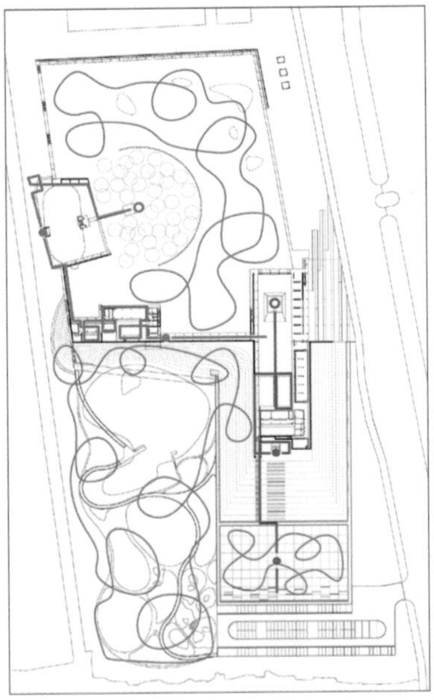


祭祀礼仪与随机漫游的交织

## 走向日常的纪念

在这里，没有宏大的建筑主体，没有垂直向上的构筑物，建筑隐藏在低缓的屋顶草坪下。公园在周围高大的楼宇围合之中，平静而安详。

孙武墓区南端的大型祭祀广场，除完成一年一次的祭祀使命外，大多数时间里是普通市民和小朋友们的日常游乐场所。此时，北侧抬高的坡地是对阳光的迎合，也是对日常休憩与停留的邀请。墓区空间围而不合，展陈界面亲切而友好。在文徵明墓区，日常生活的昆曲表演舞台与茶室作为空间的主体与墓室并存，纪念不再是瞻仰与膜拜，而更倾向于日常生活中的平等对话。

建筑空间从自然空间中截获，但不是逃离日常生活，而是归于日常生活；日常性与纪念性并置，仪式感与漫游体验交织；是开启日常的存在，而不是封存历史的纪念；是积极入世，而不是消极避世。这不仅是一种设计方法，也是一种生活态度，更是一种社会责任。

简单是一件非常不简单的事。

Simplicity is rather complicated.

# 2018—
# 2019

# 从村庄中生长出的建筑

# Architecture Growing out of the Village

苏州冯梦龙村冯梦龙书院

Feng Menglong Academy, Feng Menglong Village, Suzhou

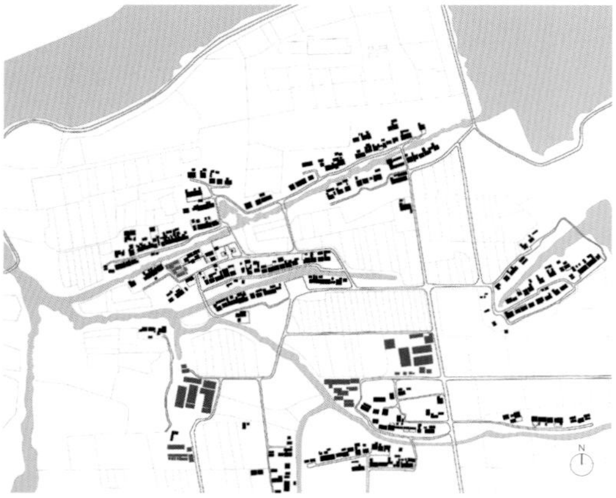

在苏州黄埭镇的乡间，有三座围绕着小广场的形式特征不同的建筑：靠东侧的一座是冯梦龙故居，于2014年按原址修复而建，保留了明代故居的基本特征；靠北侧的一座是冯梦龙纪念馆，2018年建成，运用传统木构，仿明代建筑特征而建；广场西侧，便是本次新落成的冯梦龙书院，总建筑面积约为1100m²。

### 从村庄中生长出的建筑

冯梦龙书院以一层为主，连续的白色外墙构成了建筑的围墙。局部二层的人字形小青瓦屋面，散落在空间中部，降低了从外围看去的视觉高度。粉墙黛瓦下，绕墙而行，偶见花窗内透出绿波点点、书香阵阵。整体建筑风貌与尺度同周边的故居、纪念馆以及民居浑然一体，好似是从这个村子里长出来的。

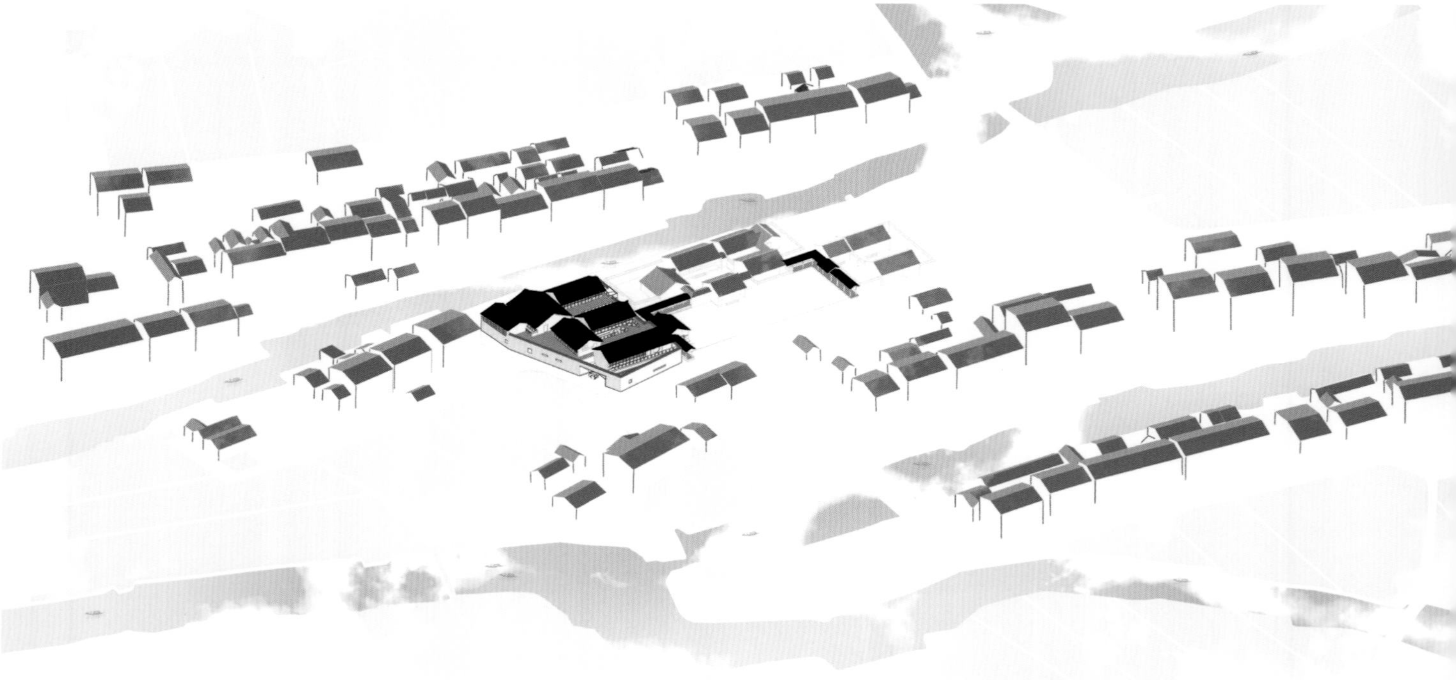

冯梦龙书院区位图

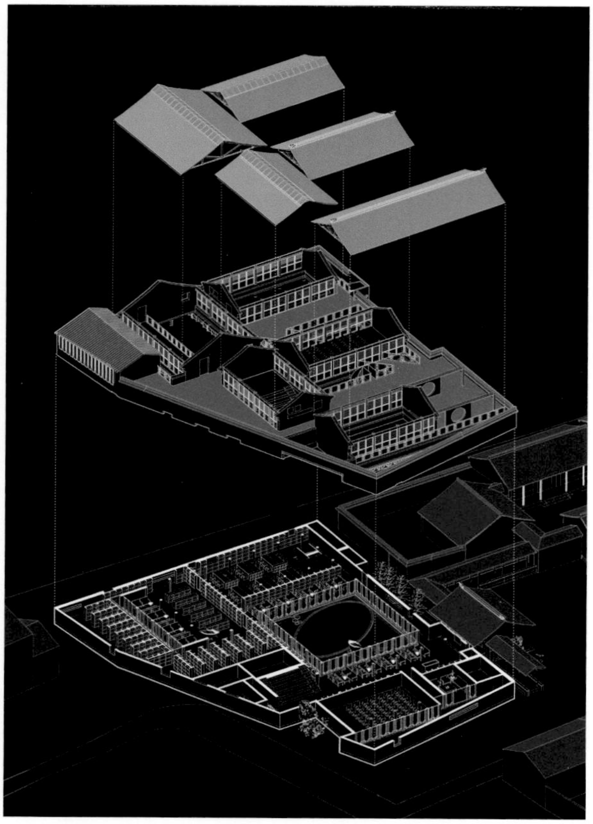

分层轴测分析图

## 成长中的人、建筑和村庄

从故居到纪念馆，再从纪念馆到书院，时光在这个小小的四方广场上流动。五百年间， 出生、死亡、繁荣、衰落……无数的人间故事发生在这片土地上。冯梦龙从一个村中稚童，成长为后世敬仰的一代文豪和廉政典范。冯埂上这个普通的江南乡村，经历了一次次朝代更迭，人去了又来，房屋倒下又重建。顺应了时代的新建筑，就像新生的细胞一样，一步一步塑造出今日的新面貌。这个广场便是一个浓缩了的典型：既有老的，又有新的，一条廊道塑造出一个面向村民游客积极开放的界面，串连起三座建筑，串连起从古到今的历史脉络，串连起人、建筑、村庄三者不同的生命周期，也串联起建筑学应对于时代的思考。

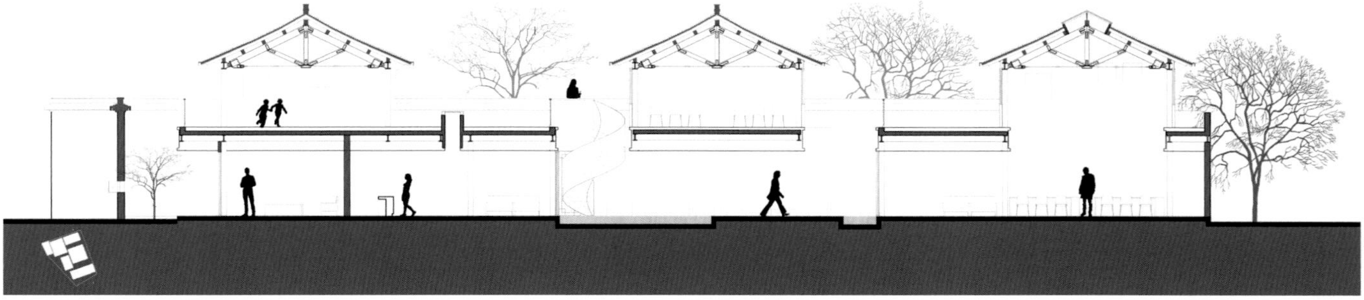

墙身剖面详图

1 金属铝板
2 铝合金龙骨
3 LED灯管
4 小青瓦
水泥砂浆加麻刀卧浆
防水层
110厚挤塑苯板保温层
12厚定向结构刨花板
60×100木椽条
木檩条
木桁架
5 60×100填充檩条
6 3厚金属封檐板
7 铺撒灰白砾石至设计标高处
40厚C30细石混凝土保护层
10厚低标号砂浆隔离层
1.2厚聚氯乙烯防水卷材
1.5厚聚氨酯防水涂料
20厚1:3水泥砂浆找平层
最薄30厚C30发泡混凝土找坡层
结构层(原浆收光)刷基层处理剂一道
70厚矿物纤维喷涂
8 40厚金砖(400x400)，水泥浆擦缝
30厚1:3干硬性水泥砂浆结合层，表面撒水泥粉
水泥浆一道(内掺建筑胶)
150厚混凝土基层(内配4@150钢筋双层双向)
100厚C20混凝土垫层
素土夯实

## 似古还今的建筑手法

从仿古的门廊踏入书院，内部却是全新的空间体验与结构形式。一层是一个完整的大空间，围绕着中心水院，以书为墙，形成有层次的视线关系。局部两层通高，勾勒出几个重要功能空间的轮廓。书院入口处，一侧为服务前台连接着成排的书架，一侧为休息茶座靠着中心水院，正对着的是一块太湖景观石，顶上有天光洒下，一下就把来访者带入浓浓的书卷香气中。中心水院位于整个书院的核心位置，四面通透，是书院对外呼吸的肺。水池中由混凝土汀步引向一个椭圆形的平台，活泼灵动，是举行各项活动的小舞台。水院两侧的两条通道将参观者引至北侧的刻书体验区及西侧的藏书室。会议讲堂、台阶阅读、刻书体验及藏书空间为局部两层通高的大空间。抬头仰望，可见现代钢木屋架结构，天光洒下，体现出现代建筑结构的简洁精巧之美。现代的钢木组合结构形式，与传统木结构相比，提供了更为开放的空间可能性与适应性，更能适应当今人们多样的使用方式，在防火性能上的表现也更佳。上到二层的户外平台，白色砾石铺撒的地面沙沙作响，参观者可以近距离看到屋面檐口的细节构造。眺望远方，书院四周被民居与农田环绕，整体环境恬静悠然，一派田园美景。

书院的设计与建造完全采用了现代的建筑理念：大跨度的自由空间，最经济的结构形式，并通过变化的空间尺度给人带来不同的情感体验。与此同时，设计中也运用了许多传统元素——小青瓦屋面、花格窗的组合、景观石的设置以及园林中移步换景的关系。以现代的建造技术活化传统的建筑材料，以现代的空间体验演绎古典的审美韵味，古与今在这个建筑中交融，展现出一种独特的美感。

盲目地强调创新，有时候也是一个充满诱惑的误区，我们现在更缺的是扎扎实实从事基本设计的设计精神。

Sometimes blind pursuit of innovation is a tempting fallacy. What we lack more now is the design spirit of down-to-earth basic design.

# 2014—2018

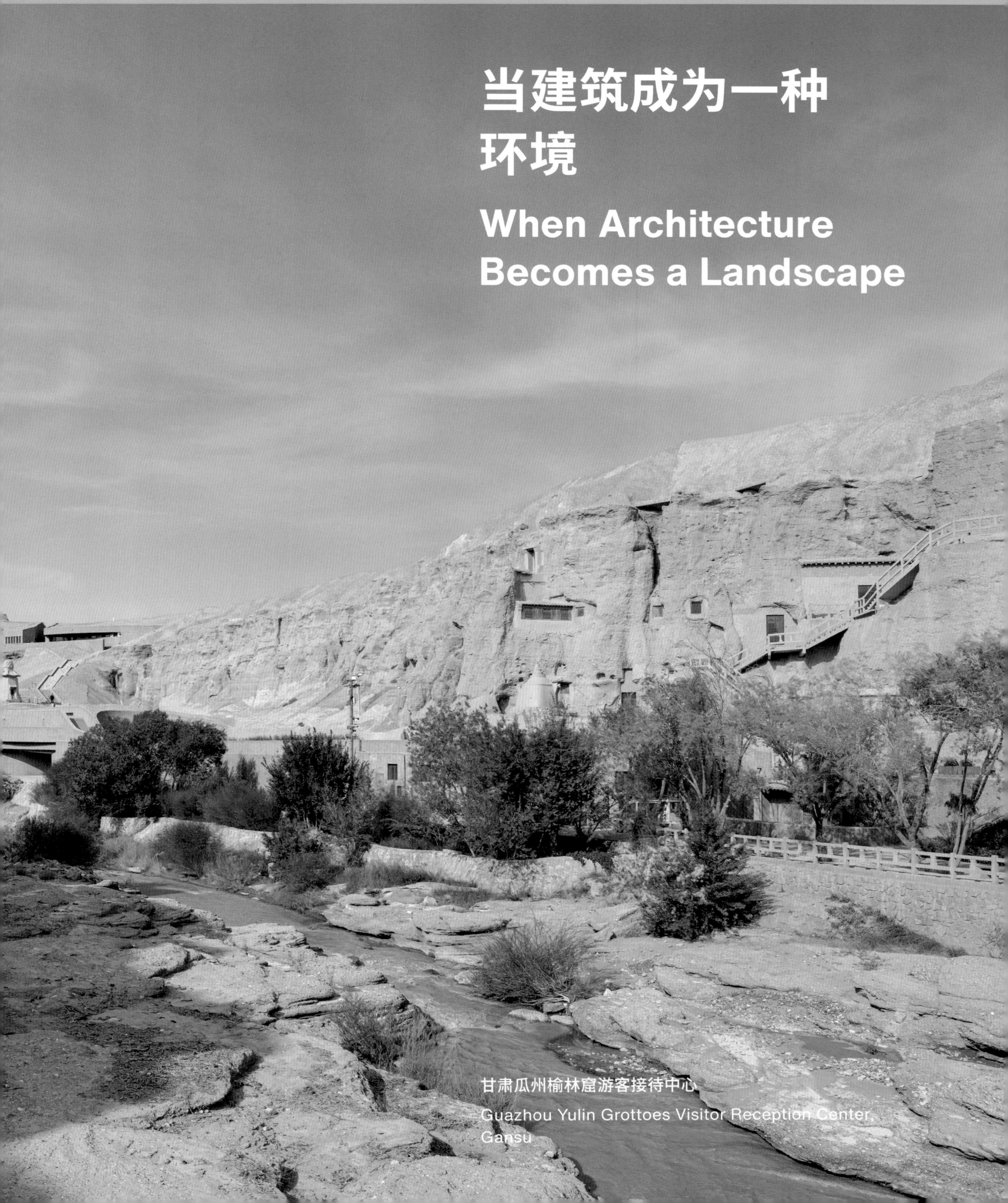

# 当建筑成为一种环境

# When Architecture Becomes a Landscape

## 甘肃瓜州榆林窟游客接待中心

Guazhou Yulin Grottoes Visitor Reception Center, Gansu

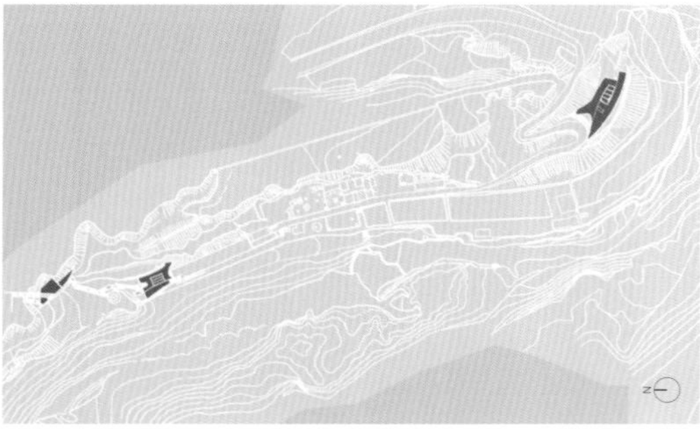

榆林窟与莫高窟都是敦煌石窟艺术体系的组成部分，榆林窟位于距离莫高窟 170 多公里的榆林河谷两岸直立的东西峭壁上，崖壁陡峭高耸，高差达 20 余米。榆林窟游客接待中心是一次建筑形态满足自身功能需求的同时，最大程度保留原遗址环境的实践探索。新建建筑分为 3 个单体，分别为接待中心、管理用房和生活用房，总建筑面积 1100m$^2$。

建前环境

建成实景

接待中心对山体的扰动分析　　管理用房对山体的扰动分析　　生活用房对山体的扰动分析

山体现状

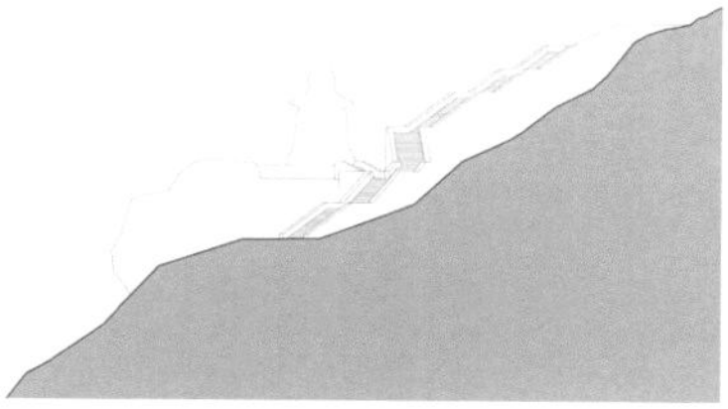
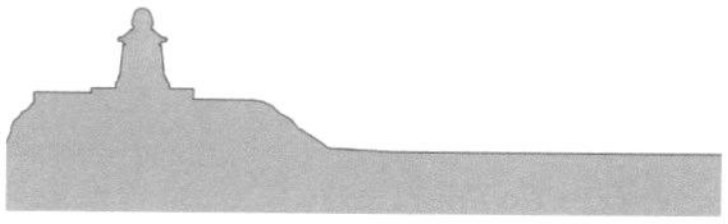
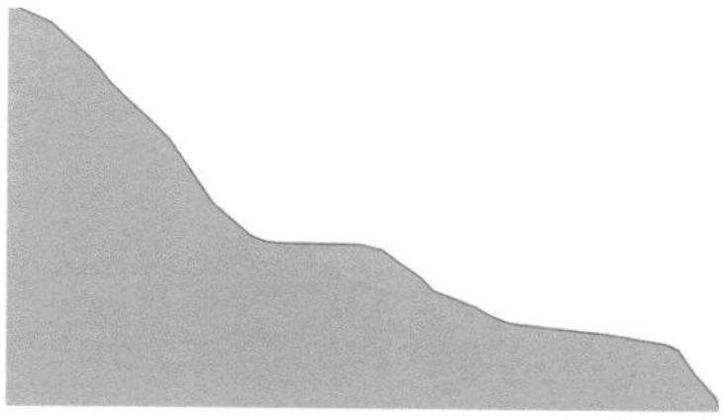

土方调整

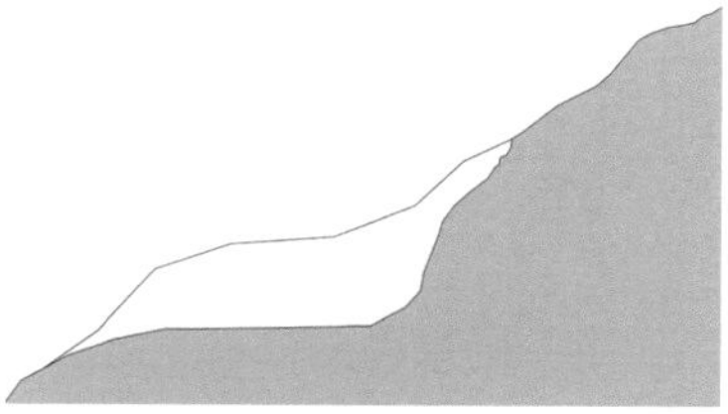
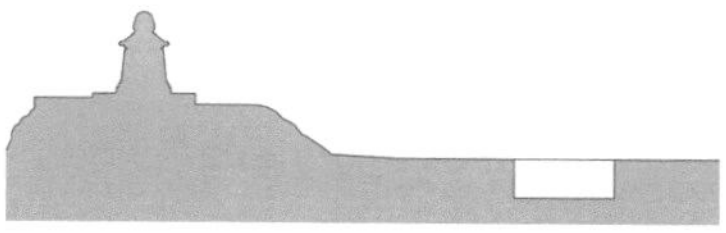
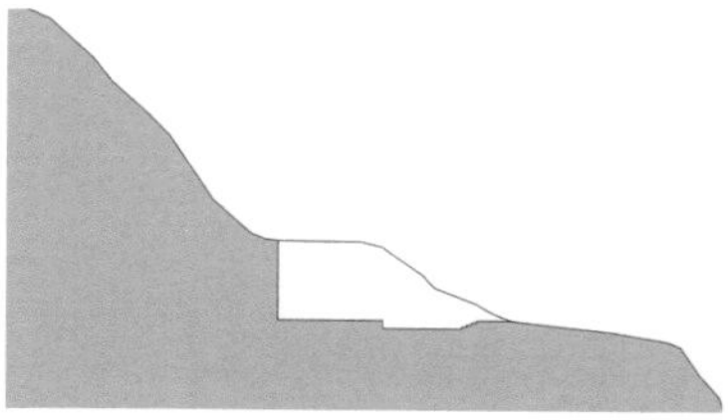

建筑嵌入

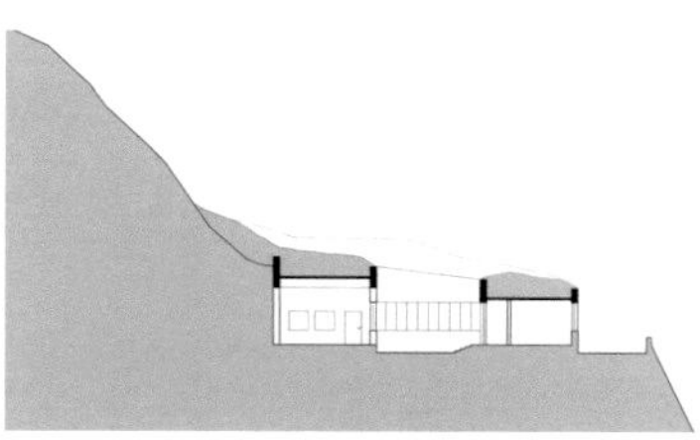
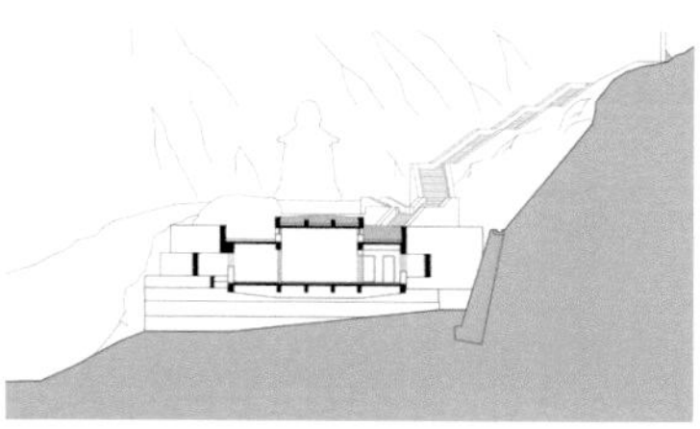
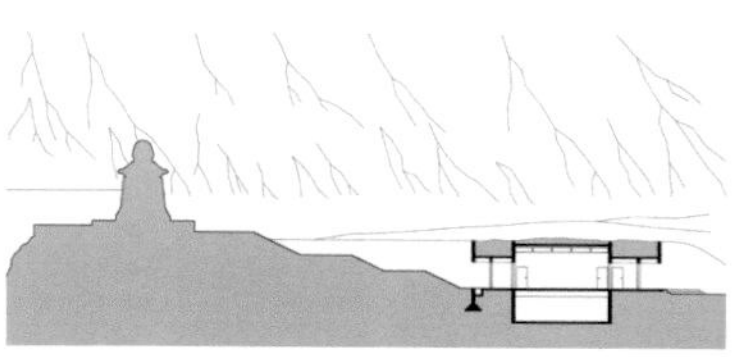

## 视线

在遗产保护中有一个基本的实践原则：最大保留，最小干预。基于对遗产保护的认知和对场地特殊性的解读，将新建建筑融入已有的遗产环境，保持和强化其真实性。让建筑成为榆林窟的一部分，“看不见”的设计才是理想的设计。

为了尽可能降低参观者对建筑的感知，在主要视角消解建筑形体成为设计最核心的策略。接待中心位于崖顶，建筑的体量被设计定义为崖顶边缘的延伸，屋顶通过覆土，与崖顶全然混为一体。管理用房的屋顶采取了覆土的策略，视觉上就如同是从山脚延伸出来的一个分支。建筑的高度被严格限制在塔底，从窟区的角度看，建筑就转化成为塔的基座，视觉重心被塔所占据。而位于窟区最南端的生活用房，将建筑体量作为修补山体的一种方法。入口的一侧则是顺应了车道的弧线，就势退让，形成了建筑的入口。

通过屋顶覆土模拟崖体的延伸，并以干粘砂石的方式再现崖体的质感，针对主要视角的设计策略基本达到了让参观者“看不见”新建建筑的目的。

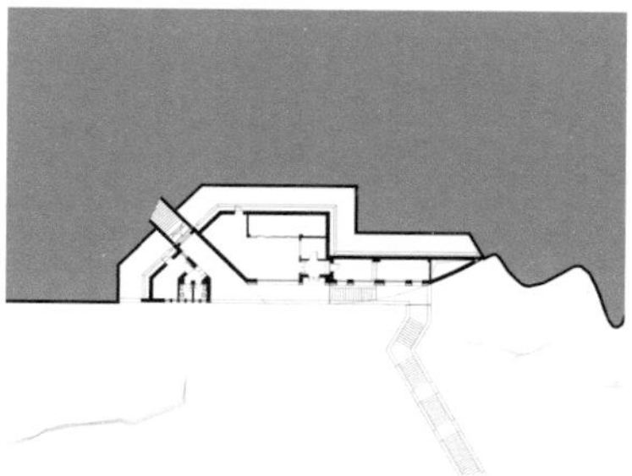

接待中心一层平面图

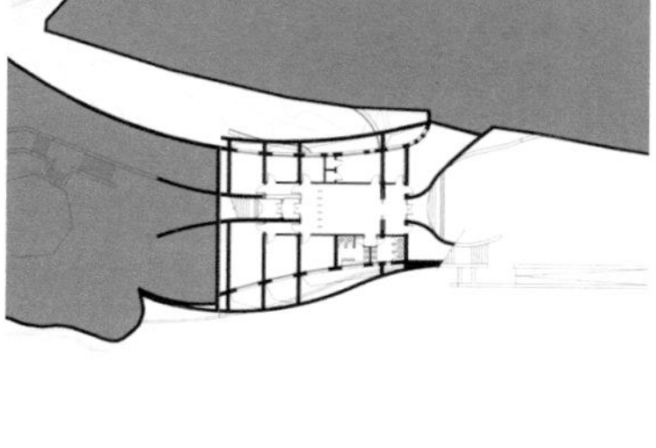

管理用房一层平面图

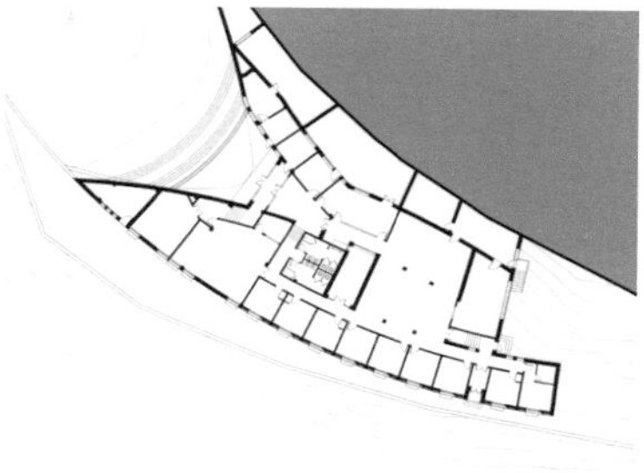

生活用房一层平面图

## 流线

榆林河谷两侧高差很大的崖壁是地表径流而成，水的流动对戈壁这种地质构造的影响是不可轻视的。于是，水的流线和人的流线也成为整个建筑设计中不得不面对的问题，并因此形成建筑设计的另一种策略。

接待中心和生活用房的建筑已经与崖体融为一体，崖顶的水流通过建筑设计来组织排放。管理用房正好处于东侧崖体排洪的通道上，水流与人流交叉。于是，管理中心成为一座“桥”，建筑的下部、内部与屋顶分别成为水流、入场人流和退场人流的通道，彼此泾渭分明、互不干扰。

**轴线**

设计将新建建筑与环境以几条若隐若现的轴线形成呼应的关系，让新建建筑成为环境中自然生长出来的一部分。

从崖顶延伸下来的裂缝，将接待中心分为两个部分，而裂缝的尽端指向半山坡上原有的塔，由裂缝形成的通道也因此有了理所当然的方向。

而在山脚之下，自由伸长的曲线在管理用房的入口处严肃起来，左右对称的线型定义出一条轴线，也指向半山坡上原有的塔。

生活用房的入口与舍利塔不经意间产生了对话，自然而然地构成了一条轴线,使新建建筑的存在更加合理。

人生有时更像是一场不断开启盲盒的过程，其中隐藏着各种不可预测的偶然性与不确定性，有惊险，但也随时带来惊喜；有恐惧，但也同时充满期待！生命的意义常常不是决定于你打开盲盒后所获得的内容，而是决定于你打开盲盒时的态度。态度决定意义！而过程即是结果。空间也是如此。

Life is sometimes more like a process of opening a blind box, with all kinds of unpredictable contingencies and uncertainties undercover. It unlocks thrills as well as surprises at any time; with fears but also full of expectations! The meaning of life is often determined not by what you get when you open the blind box, but by your attitude towards the blind box you are bound to unlock. Attitude determines meaning! The process is the result. The case is true with space.

现在的方案评审经常是这样的：评委们更擅长于发现其中一些无关紧要的技术缺点，并以此通过否定这个方案来显示自己的权威，而不具备那种去保护虽然还存在不少缺点，但方案却很有特点的好创作的胸怀。

Today's design program reviews are often like this: the judges are better at finding some insignificant technical shortcomings and in this way to show their authority by negating the design under review. A sense of tolerance and inclusiveness is needed to protect the designs with distinctive features, even if there are still shortcomings.

# 2017—
# 2022

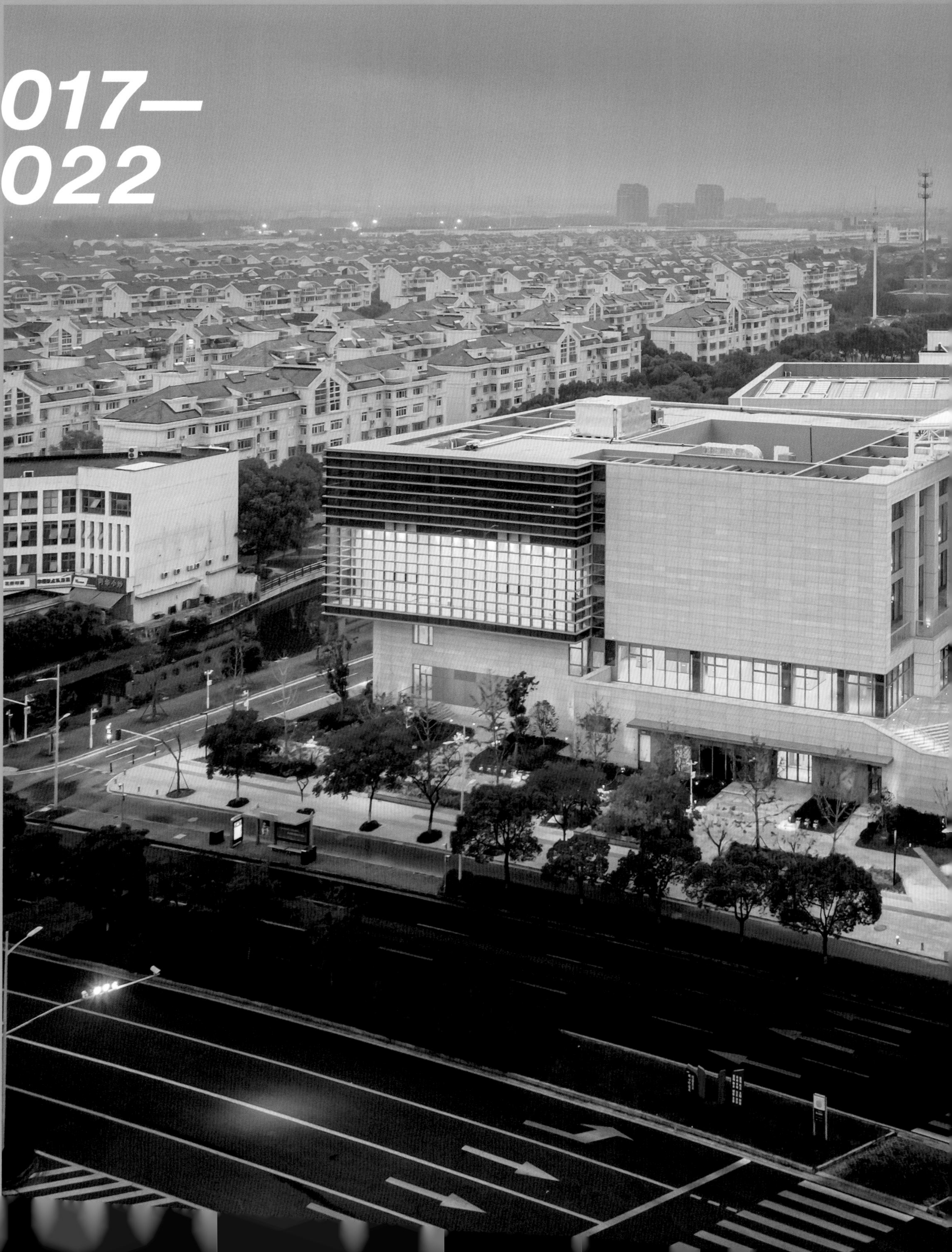

# 峰谷客厅

# Peak and Valley Living Room

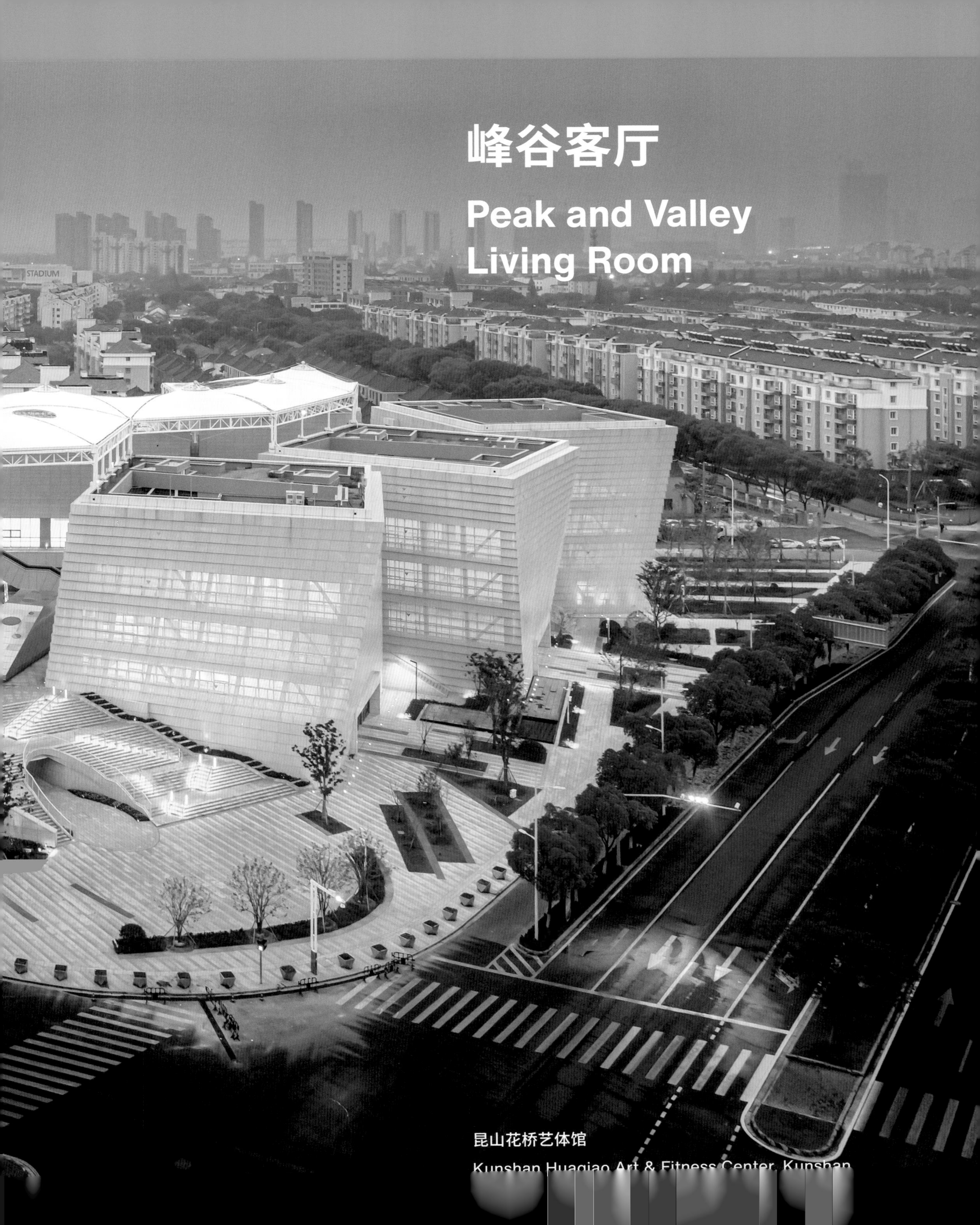


昆山花桥艺体馆

Kunshan Huaqiao Art & Fitness Center, Kunshan

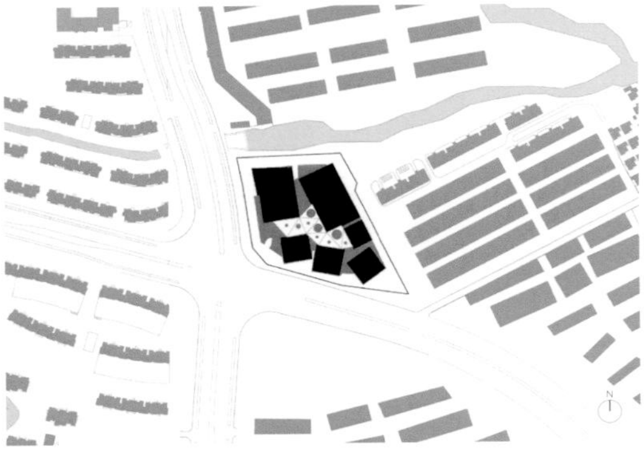

花桥艺体馆位于昆山花桥光明路与西环路口，是一次地区文体设施硬件水准的提升，更是一次城市公共空间塑造的积极探索。其主要功能包括一座可容纳 400 人的小剧场，一座包含 8 道 50m 的标准泳池和一座独立运营的多功能综合体育馆。同时还包括多个小型场馆，如图书室、培训教室、多功能展厅、健身瑜伽室等。此外还有一定数量的配套商业及地下停车场，以满足市民一站式的活动需求。项目总建筑面积约为 3.3 万 $m^2$，其中地上 2.2 万 $m^2$。

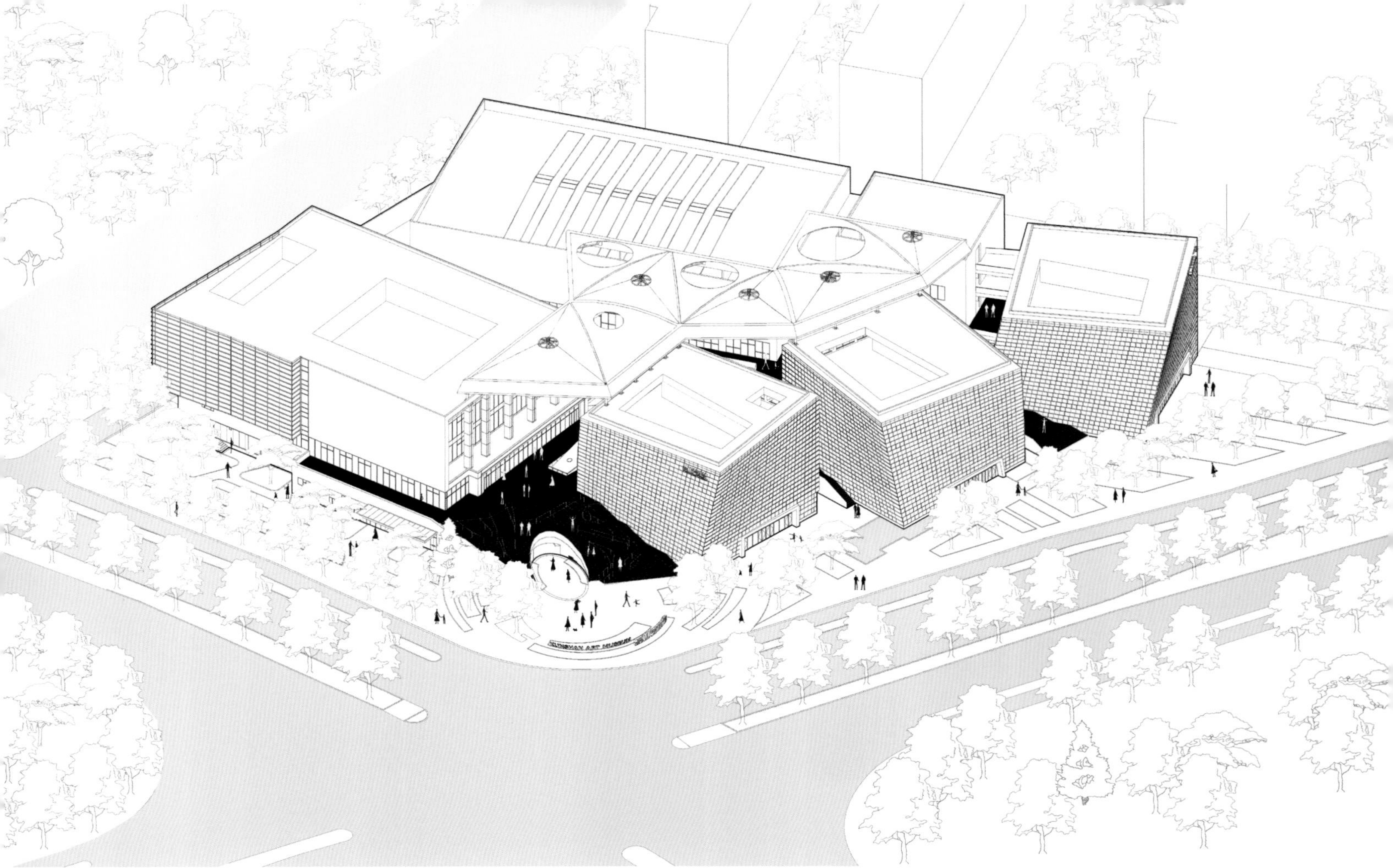

**城市客厅**

基地周边路网均不是正交，因此基地的形状非常不规则。在不规则基地中，各功能体块的组织可以有两种不同的策略：一种是积零为整，形成一个整体体量，同时在建筑外部留出场地与周边城市要素形成过渡；另一种是功能体块沿基地外围分散布置，同时在其内部围合空间。花桥艺体馆的布局采用了后者：各种文体功能沿周边分散布置，便于后期各项目独立灵活地运营；中央区域则形成一片开放的城市公共空间，它与外部城市道路相连，即使建筑室内闭馆期间市民依然可以在其中停留、穿越和活动。这一设计使得艺体馆成为城市公共空间的延伸，变身为“光明路上的城市客厅”。

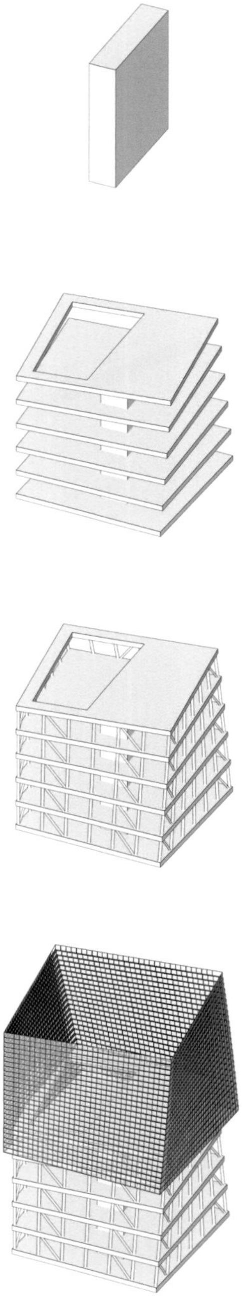

结构生成分析图

**峰谷形态**

为了增强“城市客厅”的体验感，我们用“峰谷形态”的概念来塑造其内部的剖面关系，形成极具特征的“峰谷客厅”。首先，主要的公共空间被抬升到二层，其底层形成一个基座，功能是配套商业，它与上部的文体功能可分可合，相对独立；其次，不同大小的功能体块形成“群峰”，自西向东蜿蜒展开，其间空间的开阖变化犹如游走于“幽谷”；再次，沿街体块通过体型扭转留出多变的“峰”隙，每处“峰”隙都有景观台阶将外围广场的人群引入；最后，“峰谷”内部又设置了空中连廊、坡道楼梯等动线设施联系不同标高的场馆，形成一个立体的公共空间，身处其中宛如在自然山谷中游走。

沿光明路的三个扭转体块是项目的一个重点，它塑造了沿光明路的城市形象，加强了“峰谷客厅”与城市街道的关联。其平面为一个正方体，逐层扭转2°。其结构为中部核心筒加立面钢结构的桁架，平面内没有柱子，核心筒将平面分为一大一小两个区，可以灵活适应各种不同功能要求。

## 公共空间

公共建筑既有功能性也有公共性，前者服务于市民的目的性活动，而后者则体现为对市民无目的、偶发的交往活动的支持。花桥艺体馆通过流线设计来平衡这两种属性：一是前来参加馆内活动的市民经由首层电梯快速到达各目标楼层；二是普通市民可从入口广场和街道经由景观大台阶从多个方向进入峰谷客厅，他们可以自由地选择在此停留或穿越，在他们漫步的过程中可以感受到各场馆的活动氛围。因为这个公共性的设计，正式开馆前期已有市民陆陆续续进入峰谷客厅，孩子们更是沿着台阶坡道爬上爬下打量游泳馆和篮球场的室内空间。

一层平面图

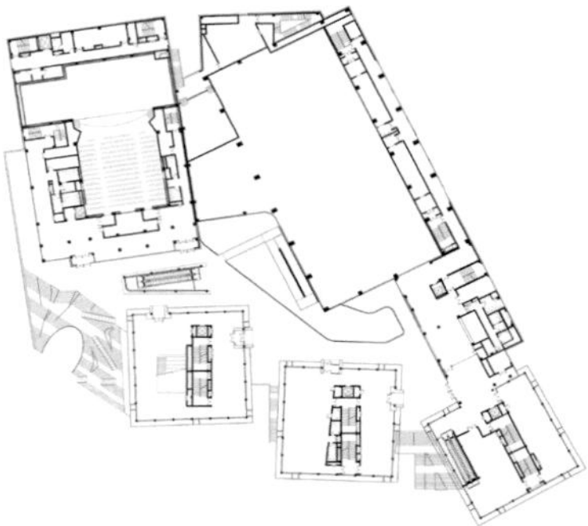

二层平面图

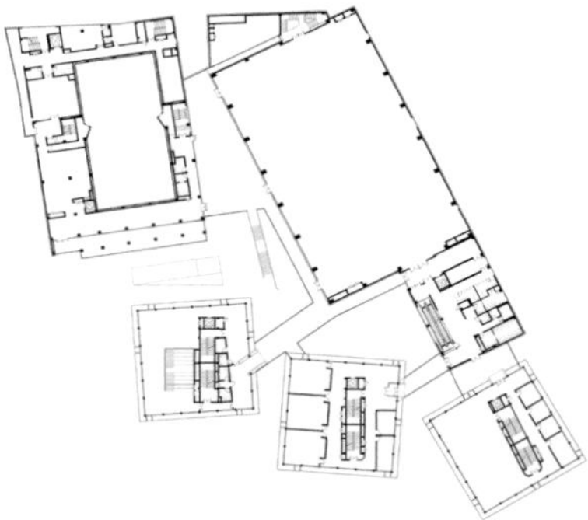

三层平面图

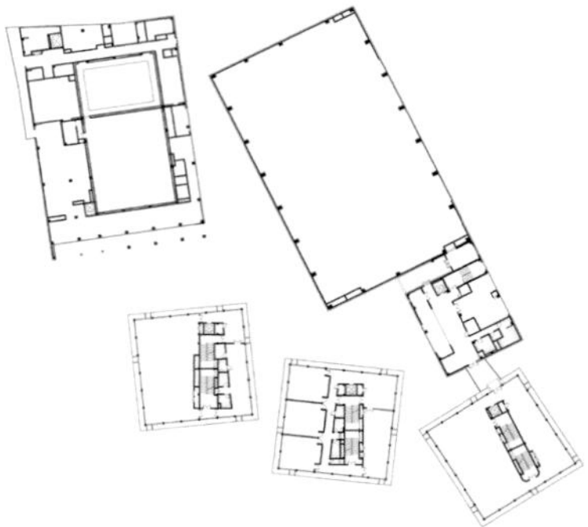

四层平面图

车挤走了人成为城市新的主人，这是现代化城市发展的最大悲哀。

Cars crowd out people and become the new owners of the city.
This is the greatest tragedy of modern urban development.

强调创新，却又不能容忍问题，其实是在耍流氓！

Emphasizing innovation while being intolerant of problems
is actually going rogue!

很多的时候，不是在为一个项目创作一个适合它的形式，
而是在为一种形式寻找一个合适它的项目。

Many times, instead of creating a suitable form for a project,
we are looking for a suitable project for a form.

用力挤不出好的想法，好的设计都是自己溢出来的。

You can't squeeze out a good idea; good design
overflows on its own.

# 2008—
# 2013

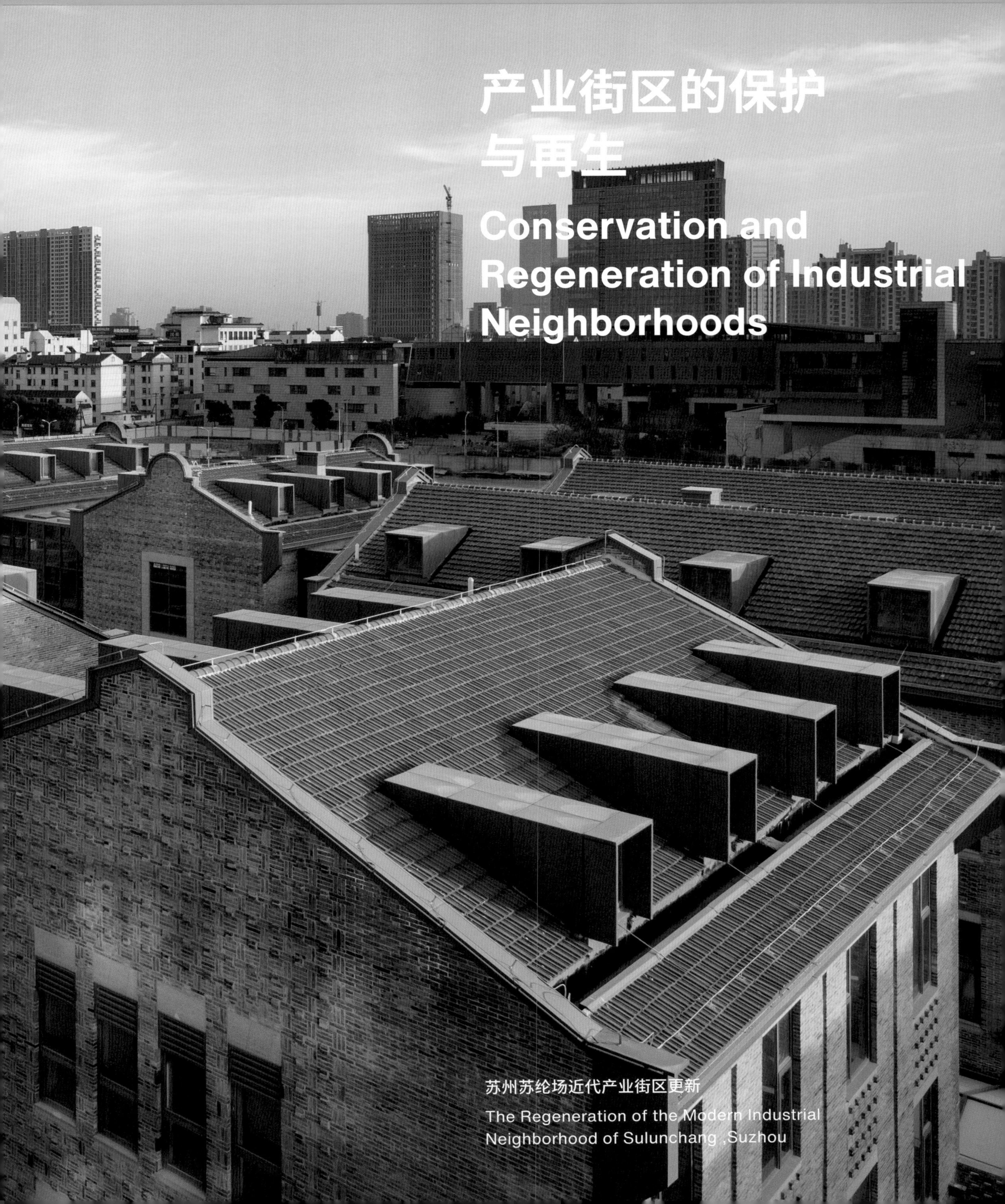

# 产业街区的保护与再生

# Conservation and Regeneration of Industrial Neighborhoods

苏州苏纶场近代产业街区更新

The Regeneration of the Modern Industrial Neighborhood of Sulunchang ,Suzhou

城市工业遗产是城市产业结构调整、制造业逐步淡出城市舞台后提出的城市新课题。苏纶场位于苏州古城南侧，其前身可追溯至清末创办的苏纶纱厂，它的发展见证了苏州近代民族工商业的崛起。项目地上建筑面积约为 3.8 万 $m^2$，地下约为 5.5 万 $m^2$。对苏纶场的更新是以工业遗产为底色，注入符合当下城市新生活的功能，打造一个独一无二的、新时期的苏纶场，即一个融购物休闲、餐饮娱乐、星级酒店、商务办公和酒店式公寓为一体的城市综合体。通过此次更新设计，让工业遗产焕发新生，也重塑了古城新地标。

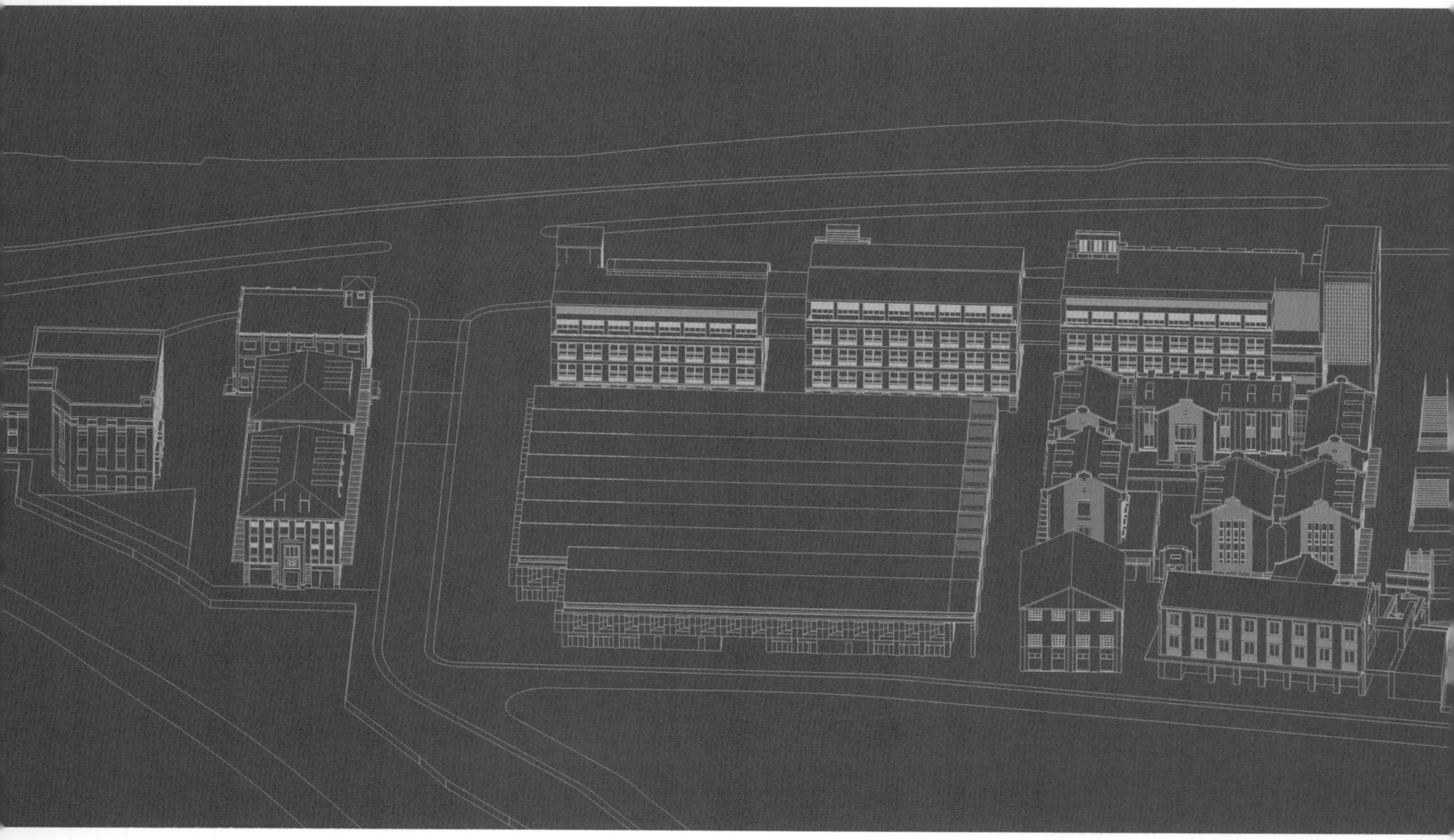

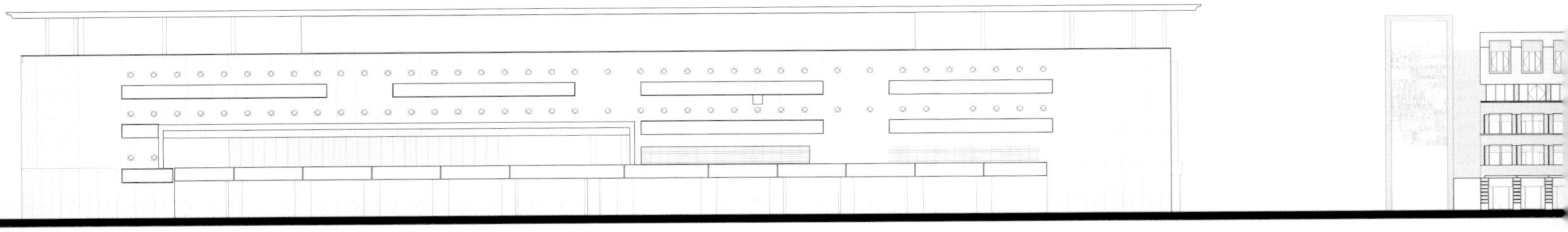

区位分析图

### 街区更新

工业街区更新强调与北侧护城河景观绿带的衔接与整合。通过西塘河的滨水绿化公园建设，形成护城河绿化向基地延伸的楔状绿带；依托街道和广场的林荫绿化与水景设计向基地内部渗透，使基地内外的水绿景观连成生态网络；在织造车间改造的商业建筑二层，架设面向护城河“城市阳台”和“步行桥”，将护城河两岸的商业联系起来，消解南门路快速交通和护城河景观绿带对建设泛南门商贸区的分割作用。

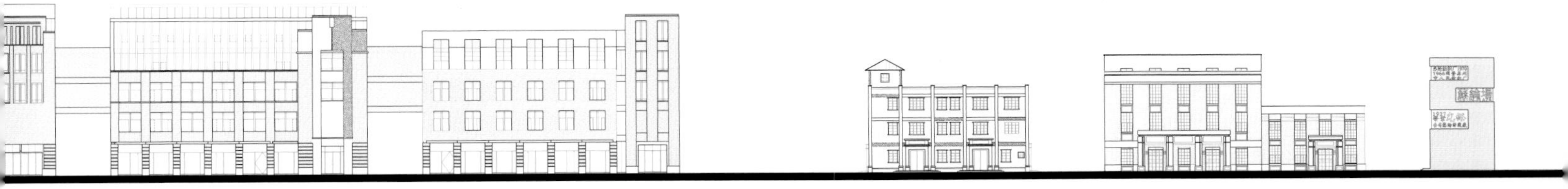

## 活力再生

无论从大的城市区位，还是本地块的地段文脉，浓郁的民国文化氛围都是最鲜明的特征。设计中摒弃了常见的大型封闭式商场模式，而是通过强化高密度、小尺度的民国街区肌理，将闲适的逛街购物体验归还给城市空间。更为重要的是，这可以将原本各自为政、散乱布局的工业遗产建筑通过街区的组织和新建筑的镶嵌，形成新旧共生的整体。在这里，产业建筑是公共空间的基础与核心，而新建筑是公共空间的延续，采用灵活的小体量以新补旧、新旧穿插，营造具有工业文化特色的商业购物街区。街区内通过院落空间的灵活组合，提供休闲驻留场所，再现近代里弄街坊的空间精神。

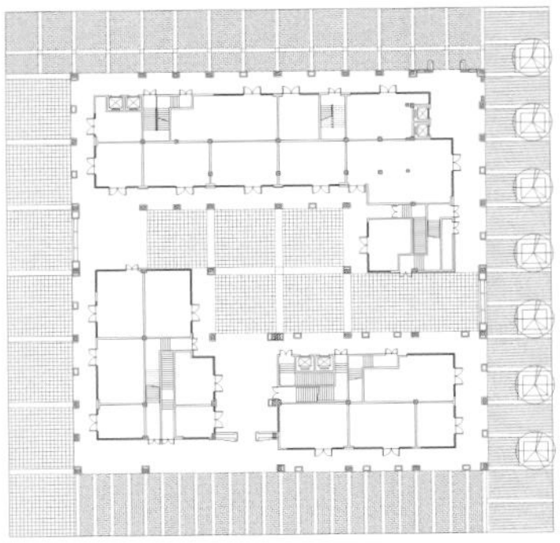

一层平面图

层平面图

三层平面图

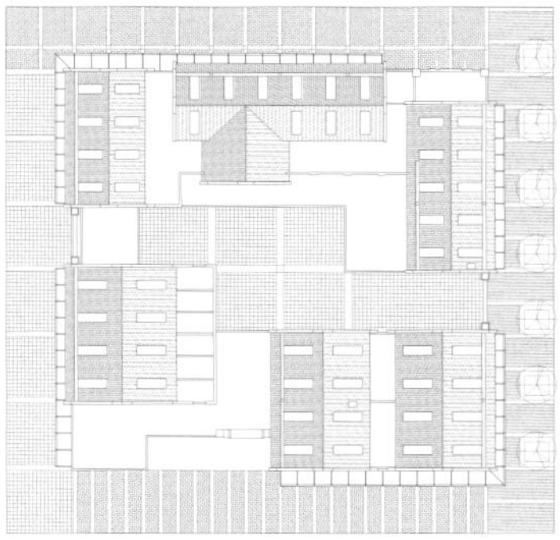

屋顶层平面图

## 情境塑造

在对不同历史时期的10处产业建筑进行分类别的保护性修缮、加固、改建和移建基础上，通过新功能的转化对其加以利用。对于清末民初的文物建筑采取专业性的保护措施，再现历史风貌，内部则注入时尚功能；对于20世纪70年代的单层厂房，通过将封闭的外墙打开，以外廊设计突显其独特的锯齿形采光天窗和结构体系，并在车间中引入儿童游乐设施，成为小朋友活动的新天地；对于新建的织造车间突出其容量大、结构好的特点，引进精品百货和超市等商业功能，使之公共化。新建筑强调场地性和社会性的思考，在体量与材质上注重与周边人文环境的呼应，并利用玻璃雨篷和骑楼等方式营造舒适的、全天候的商业空间。

轨道交通是振兴历史街区的重要手段，也是地下空间开发的原动力和催化剂。设计以4号线地铁站建设为契机，构建与地铁站一体化的立体商业街区，为地面历史环境的保护性利用创造条件。在进出站人流的组织上，突破地铁站的地块界限，在基地内增加多个出入口，有独立使用供全天通行的，也有与商业开发结合的；大力发展地下商业空间，促进站区周边土地的高效使用，减少私家车的购物出行；通过下沉庭院、下沉商业街和建筑中庭等空间设计手段，提升地下空间的易达性和环境地面感，构建地下地上一体化的立体商业网络。

## 文化传承

新建筑外墙采用在结构层外砌筑真砖的方式，粗糙而耐用的砖墙暗喻苏纶场历久弥新、厚重沉稳的品质，使地段的建筑文脉以另一种尺度和形式得到重生和发扬。设计积极探索砖墙砌筑的新工艺和新途径，通过与近代保护建筑的砖砌方式保持一定差异的双层砖砌筑，呼应新建筑的体量与风格，并且带来了更多设计的可能性。另外，在街区重要的空间节点处，通过砖砌纹理的精心搭配来彰显新时期砖匠精益求精的技艺精神。同时也为产业街区的情境塑造注入叙事性、人文性和历史性，阐释工业文化变迁，让普通老百姓了解并分享这块产业基地的故事。

设计只是一场关于空间的游戏，本质上和打麻将或打桥牌没什么区别。

Design is just a game about space, essentially no difference from playing mahjong or bridge.

# 2016—
# 2022

# 旧厂新生

# New Life for Old Factory

苏州相城阳澄湖镇大闸蟹文化园

Yangcheng Lake Hairy Crab Cultural Park, Xiangcheng, Suzhou

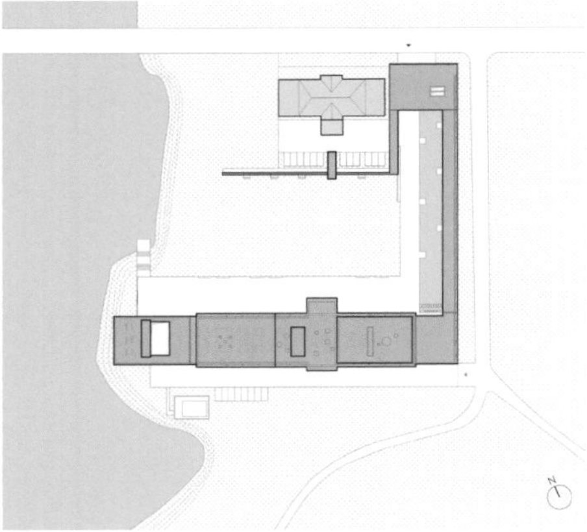

苏州相城阳澄湖大闸蟹文化园是一次对东盛锻造厂的改造更新，项目位于相城区阳澄湖镇消泾村，总建筑面积约为 3600m²，展厅面积为 2985m²。以厂区原址为基础，以大闸蟹文化为主题，为这一已经废弃多年的锻造车间注入新的灵魂。通过保留粗犷的旧厂房结构框架，在内部建造精致的崭新展馆，产生新与旧的对话，不仅在空间上回应了新的功能，也在时间上留存了记忆，充分展示改造项目的全新生命力。

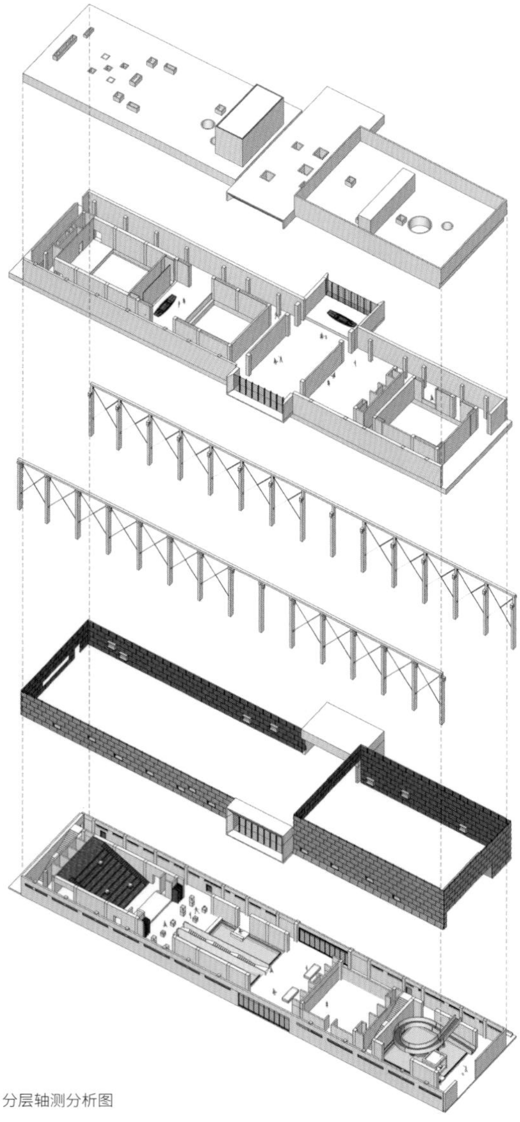

分层轴测分析图

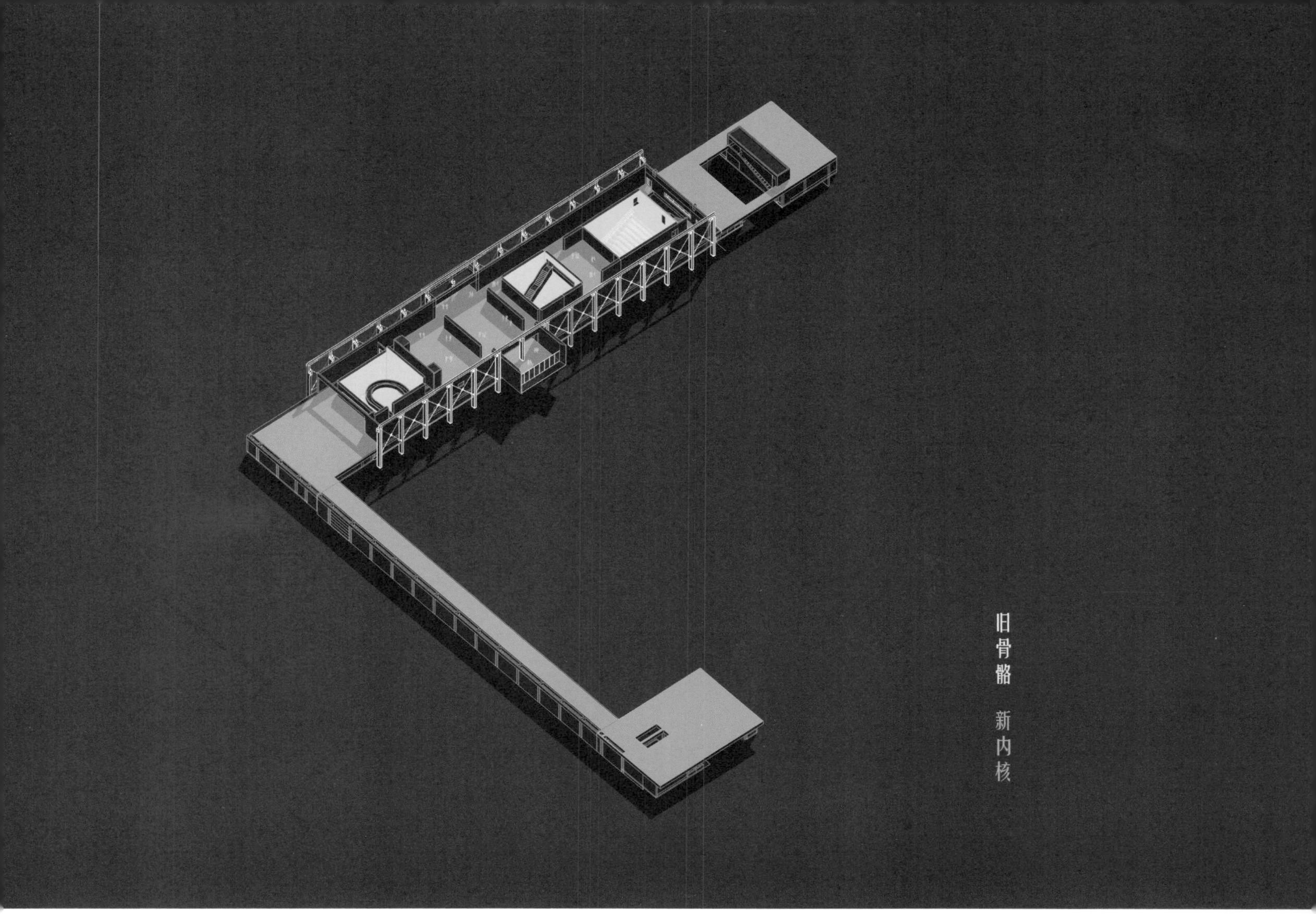

## 旧骨骼与新内核

原南侧主厂房除主要结构框架相对完好外，填充墙体与门窗破损严重。仅保留厂房主要结构框架，拆除填充墙体和门窗，于原结构框架内部重新建造一座展示馆。新展馆主要采用清水混凝土与铝板结合，并作为建筑气质的表达，与原结构框架形成强烈的新旧对比。新展馆成为旧框架的内胆，旧框架成为新展馆的骨骼，新与旧，内与外，在互相交织与对比中，重新孕育出新的空间活力。

常规的建筑与常规的生物骨骼结构都是被包裹在身体（或空间）内部的，而螃蟹是典型的骨骼外露的生物。这种将保留的混凝土排架外露的设计方式也是试图在建筑语言与使用功能之间寻求某种象征性的关联。

### 层次丰富的空间体验

新展馆分为上下两层，由东往西分布了数个互相渗透的通高空间，限定出各具特色的主题展示区域。而在二层中心位置，设计了一处钢结构悬挑空间，突破了原有界面，打破了旧厂房立面的固有节奏，将内部空间外化为通透的展示窗口，形成具有特色的立面效果。新展馆一直向西延伸至河岸，在端头设有一处茶室空间，面对河流一侧为巨大的落地玻璃，具有极佳的观景体验，也可作为综合文化活动的场地。通过室外楼梯可以行至二层开阔的观景平台，在湖面微风的吹拂下静待落日余晖。

**诗意的混凝土长廊**

一条清水混凝土廊道由北侧主入口开始，延伸至旧厂房区域，连接办公楼与新展馆。通过封闭的东侧墙体将视线引导至主体建筑，同时让光线透过缝隙落在混凝土墙体上，与景观水体共同形成诗意的长廊空间。入口处的廊道与原有办公楼之间，形成一片入口广场，便于旅游集散，是为前院；两栋建筑之间，设计有生态自然的景观水体，伴以景观步道和蟹文化主题小品，是为中院；新展馆南侧至围墙，是另一片自然绿地，从南侧观看，建筑掩映在自然景观中，与周边的环境融为一体，是为后院。以此形成前院、中院、后院三进的空间结构，并以混凝土长廊相连接，组成完整且丰富的空间流线。

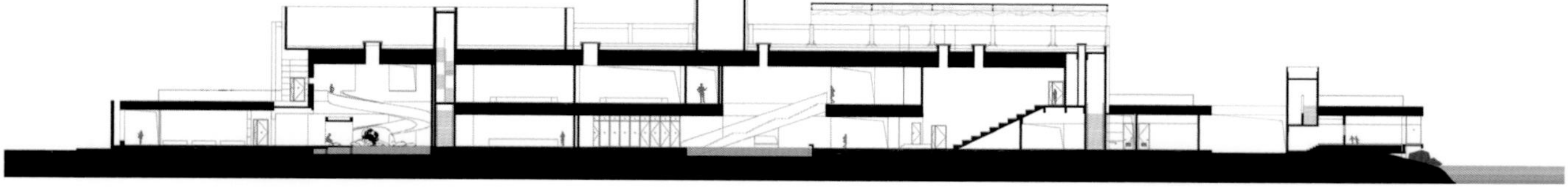

空间是一个媒介，它可以重新建立人与人、人与自然以及人与时间之间新的关系。

Space is a medium for re-establishing new links between people, between people and nature, and between people and time.

建筑不是一个静态的物理空间，建筑必须要有自己的立场与态度。

Architecture is not a static physical space. Architecture must have its own stance and attitude.

设计是我进入日常生活的一条通道，同时也是我逃离世俗生活的一种方式。

Design is a gateway into my daily life, and at the same time a way to escape from my mundane life.

想的很多，但真正能实现的总是很少，所以对每一次机会都心存感激，
然后全力以赴。

There is a lot to think about, but there is always very little that actually comes to fruition, so be grateful for every opportunity and then give it your best shot.

办公

WORK

# 2012—
# 2014

# 形而上的人文精神

# Metaphysical Humanism

国家知识产权局江苏中心行政楼

Administration Building of Jiangsu Center of State Intellectual Property Office, Suzhou

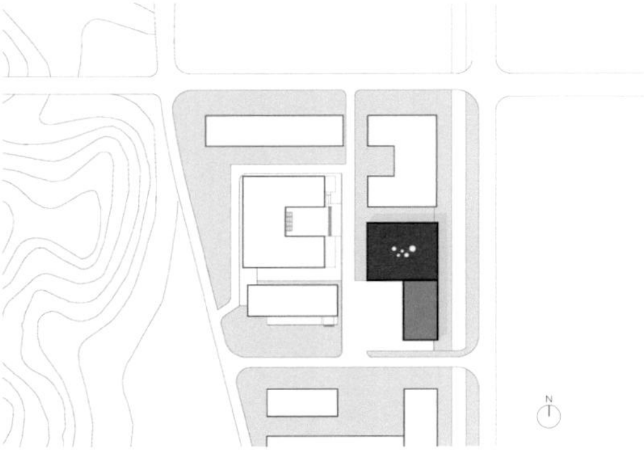

国家知识产权司专利局专利审查协作江苏中心位于苏州科技城，分南北两期，一期位于北侧，建筑面积约为 9110m²。位于一期南部入口处的行政楼与餐饮配套用房由九城都市完成。在此，建筑师需要解决两个问题：一是如何处理好与原有设计在空间与形式上的协调性；二是能同时呈现出不同建筑师的不同表达。

## 介入整体的退让空间

在原有的总图布置中，“江苏中心”建筑群由若干栋C形和I形标准单元沿中轴线排列，平面紧凑、造型简洁。行政楼及餐饮用房的设计在总体上尊重并延续了原有空间格局：西侧依然是餐饮部分，形式和材质均沿用了原设计中I形单元的特点，强调了秩序的总体统一，但更为简洁；东侧的行政楼由一个2层高的长方形玻璃盒子和一个3层高的方形盒子上下叠合而成，底部退守东侧的L形长边与西侧的餐饮配套用房形成围合，于中轴空间的入口处形成了一处相对开阔的广场。3层的方盒子选择了在空间上向上退让，底部3层部分架空，不仅为行政楼提供了良好的入口引导，同时也丰富了广场空间的层次与大小。底部玻璃盒子内为对外的服务大厅与多功能厅，3层架空的部分为门厅、接待以及展示等公共空间，上部的方盒子是私密性相对较高的办公空间，向内通高的中庭为内部办公人员提供了一处椭圆形带自然顶光的共享“天井”。这种以功能逻辑为依据的空间逻辑以底部退让与腾空的双重方式既强化了广场的公共性，也在形式上完成了对群体建筑标志性的统领。

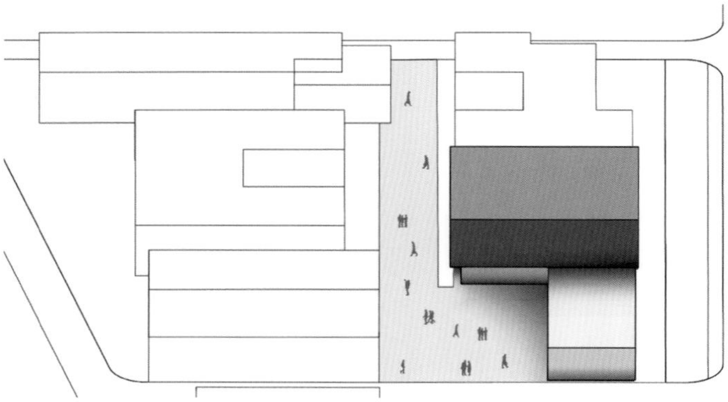

空间体块组合分析

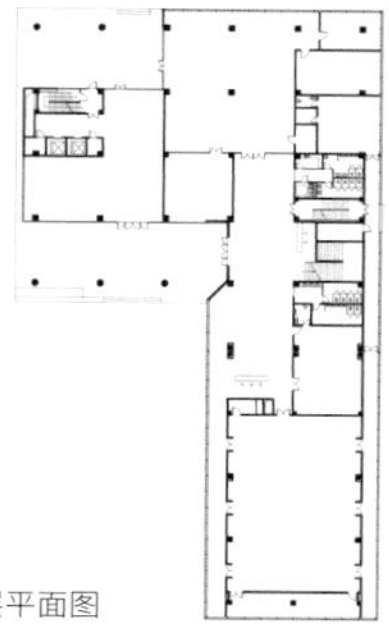

一层平面图

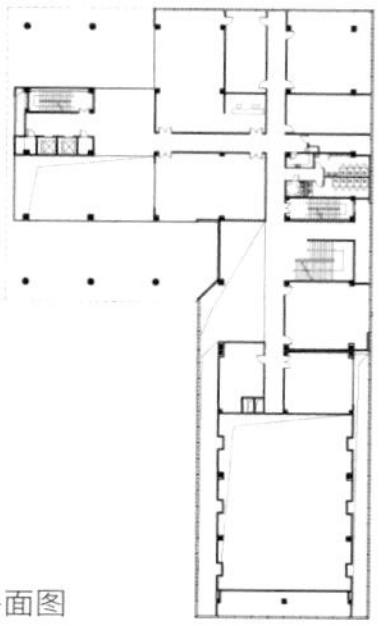

二层平面图

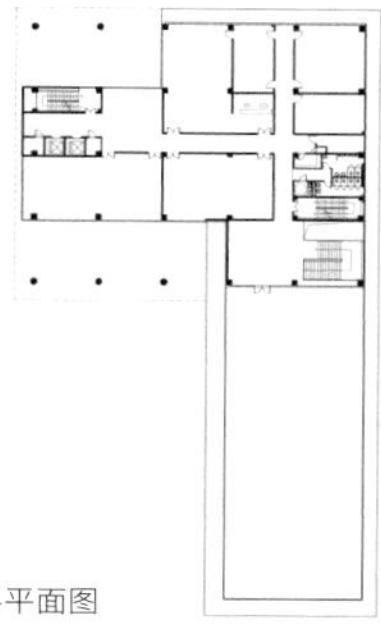

三层平面图

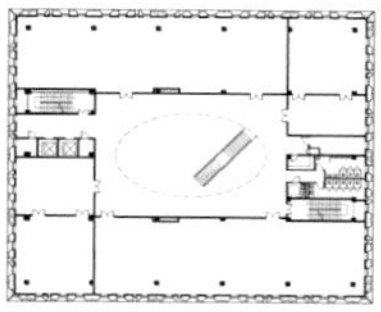

四层平面图

## 表达细节的精致构造

行政楼两个盒子的叠合，形式简洁而单纯。上部方形盒子的立面采用了层间的水平划分与落地长窗的竖向分隔，这一原则保持了和原有建筑立面风格逻辑上的协调性，但材料改变了。原有建筑是干挂花岗石，这里改成了金属铝板，在构造与风格上更加精致、细腻，颜色也有意选择了微差中的变化，原有花岗石是浅米色的，金属铝板是纯白色的。理性而优雅地将行政楼的身份从整体的统一性中呈现出来。底部两层的玻璃盒子，立面依然采用层间的竖向分隔且构造继续强调着细节的表达：一是对玻璃的雾化加工；二是竖向玻璃间做隐框处理。隐框后的玻璃盒子更加简洁完整，而雾化后的玻璃则改变了常识中玻璃原本的通透性，在外部阳光的照耀下或是在内部灯光的弥漫中呈现出一种半透明状的温润。

## 形而上的人文精神

苏州有着其独特的地域文化，苏州人儒雅、细腻，有着明显的敏感、优雅的柔性特征，自信而不自负，谦卑而不自卑。精湛的技艺与精致的细节是苏州地域文化的外在形式。这种内在的儒雅高洁与外在的精致秀美让苏州呈现出一种特有的气质。这也是“江苏中心”行政楼想要呈现给人的感受。它自然而然地融入群体之中，又自然而然地游离于群体之外，既表达了对周边环境尊重的态度，也不掩饰对自我追求的肯定，不卑不亢、亦礼亦宾，这正是江南人文精神中绵柔如水的坚韧；行政楼上部办公空间里不同方向的隔片分隔出不同宽度的落地长窗，光影疏密，开合有度，内向型的共享中庭和底部半围合的入口广场都是在有限的空间中对公共性的积极回应。下部体块中质感柔和的雾化玻璃是隐约朦胧的另一种意境，雾化玻璃之间间或跳跃的透明玻璃类似苏州园林中的景窗，小心翼翼地抹去了雾化玻璃的内向性，在外景中截获出一幅幅山水立轴。

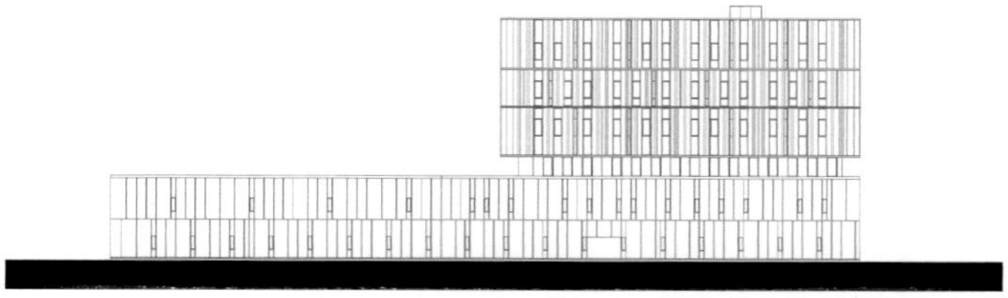

我总是在设计中努力去掉设计的痕迹，生活才是空间的终极使命。

I always try to de-design, and life is the ultimate mission of the space.

有人说设计只是通过技术解决问题，但我的每一个设计都是我生命的另外一种存在方式，包含着我对世界的理解与看法。

Some people say that design is just solving problems through technology, but each of my designs is another way of my existence, containing my understanding and view of the world.

# 2012—2014

# 零度空间

# Zero Degree Space

苏州科技城 18 号研发楼

Suzhou Science and Technology City No.18 R&D Building, Suzhou

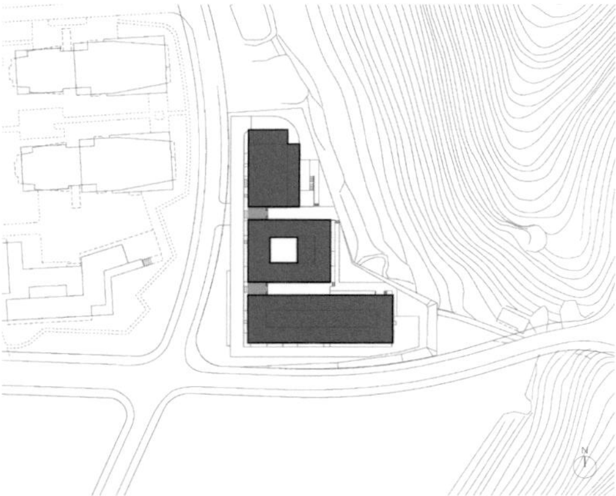

苏州科技城 18 号研发楼位于苏州科技城青山脚下西南侧济慈路与科灵路交叉口的一块三角形地块，总建筑面积约为 1.5 万 $m^2$。这是一次没有明确功能的设计试验，在应对场地之后，建筑从没有具体功能走向应对更多可能。

### 因地制宜

这是一个中等规模的研发建筑，设计首先是解决与东侧山体之间的相互关系。山体不高，坡度也不是很大，所以建筑并没有采用嵌入山体的方法，而是结合规划要求按用地红线正常后退。后退的空间与山体之间的景观是专门设计的，因为有外侧建筑的屏蔽，听不到外侧城市道路上的交通噪声，这里其实是相对静谧的后方庭院。同时，结合北侧窄而南侧相对较宽的地形特点，三组建筑由北向南呈锯齿形布置。锯齿形是相对自由也相对开放的边界，这也是为了进一步与相邻的山体边界取得更好的交融。

设计的第二个问题是处理与城市道路间的关系。建筑的南侧与西侧都紧邻城市道路，建筑的南立面与西立面也都比较完整。因为有西晒的影响，西立面上开窗也相对较少，所以相比之下，西立面更加完整。西侧的济慈路在地块南侧向西有微微偏移，但建筑的西侧边界并没有随之偏移，而是保持着南北正交，这样就在地块西南角的转角处退出了一块空间余地。这个退让至少解决了3 个问题：一是正好利用这个缓冲解决地下室的车行出入口；二是让城市道路在转角处能有更好的空间视野，以减少建筑对城市道路的压迫感；三是通过转角绿化对建筑的遮挡，让建筑巧妙地融入后面的山体绿化之中。

建筑南侧高度为2层，中间为3层，北侧是4层。这种渐次退台的布置也是为了进一步消减建筑的体量与尺度，以取得与山体更好的整体关系。

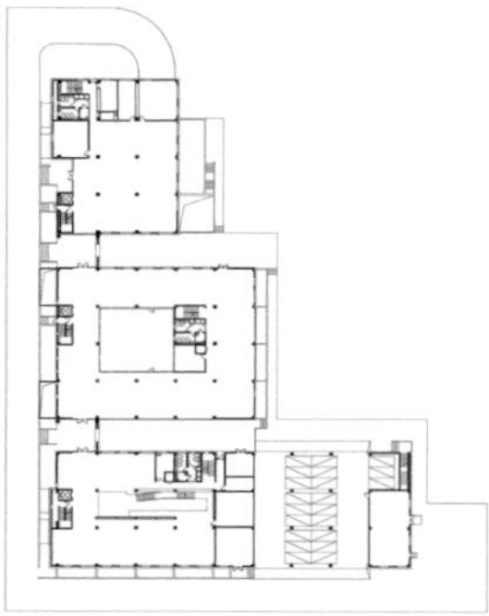

一层平面图

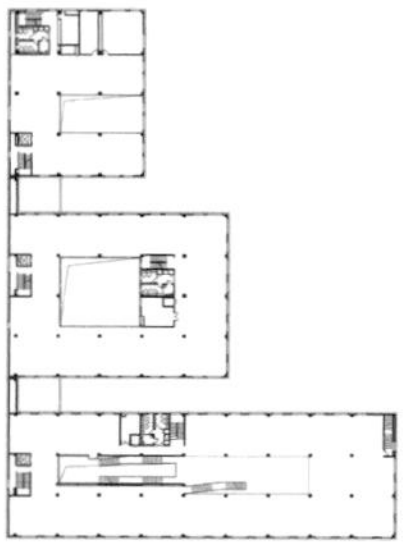

二层平面图

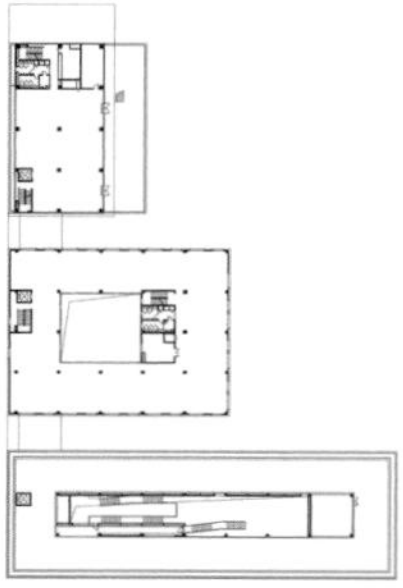

三层平面图

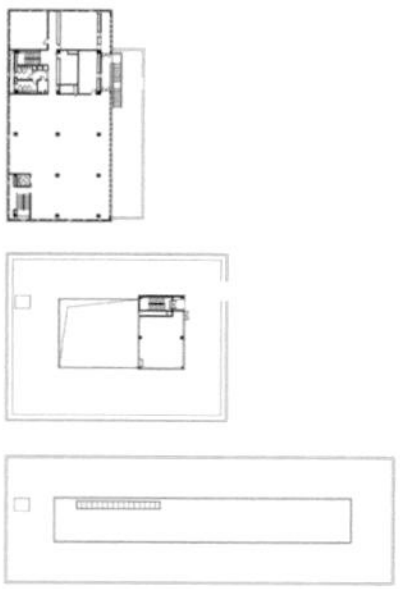

四层平面图

### 零度空间

设计最重要的是解决空间中的功能问题，但实际上这次所面临的却是又一个没有功能指向的设计命题（说“又”的意思是：之前我们设计过的苏州科技城内的4号研发楼和7号研发楼也是同样的情况）。没有具体的功能指向，这在项目名称“苏州科技城18号研发楼”中就可以看得出来。建筑与人一样都是有名称的。名称不仅是一种身份定位，同时也包含着对身份的定义。但“18号”是什么？“18号”只是第18个没有具体功能指向的建设项目，是我们开始项目设计时的一个临时名称。数字只是一个代码，是一个没有方向的指向（0°），或者说也可以指向所有方向（360°）。这也是中国经济高速发展过程中很多开发区的一种普遍现象，先盖好一些房子，然后开始招商。这能为进驻的企业省去很多前期建造所需要的时间。

建筑从外面看上去是一个完整的整体，但实际上是由3组独立的空间连接而成，这样就可以满足后期相对灵活的招商模式。可以是3家相对独立的公司入驻，也可以由一家相对较大的公司整体使用。其实所有的空间都是没有指向性的标准平面，所以还可以进一步切分，可以满足各个大小不同的主体。当有具体功能需求时，建筑设计就有了明确的靶向目标；没有具体功能需求时，零度设计就成为建筑创作的主要目标。零度空间是没有功能指向的空间，但同时也是因为没有具体的功能指向而指向多种可能。

因为功能越来越不可靠，所以“形式”不能再继续“追随功能”。

因为非功能空间不受功能使用的制约，所以形式可以追随非功能空间。

Because function is increasingly unreliable, “form” cannot continue to “follow function”. On the contrast, form can follow non-functional space because non-functional space is not subject to functional use.

# 2017—
# 2020

# 有限空间
# 无限可能

## Limited Space, Unlimited Possibilities

苏州高新区“太湖云谷”数字产业园

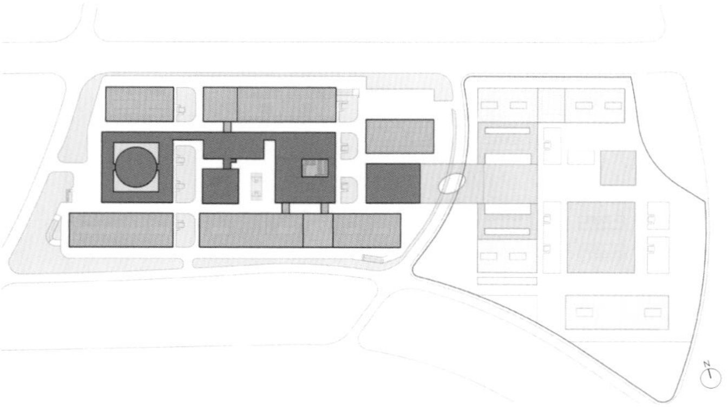

“太湖云谷”数字产业园位于苏州高新区科技城，项目分两期建设，目前建成的是富春江路西侧的一期工程，一期总建筑面积约49万$m^2$。在“太湖云谷”数字产业园的设计中，使用功能与空间布局的对应关系并不是具体功能与具体空间的一一对应关系，而只是一种思考逻辑上的对应关系，这种逻辑就是以“不确定性”面对“不确定性”。当功能无法确认，而且还会随时变化时，空间只有以灵活的方式面对，以不确定性面对不确定性，才能在有限空间中预设无限的可能。

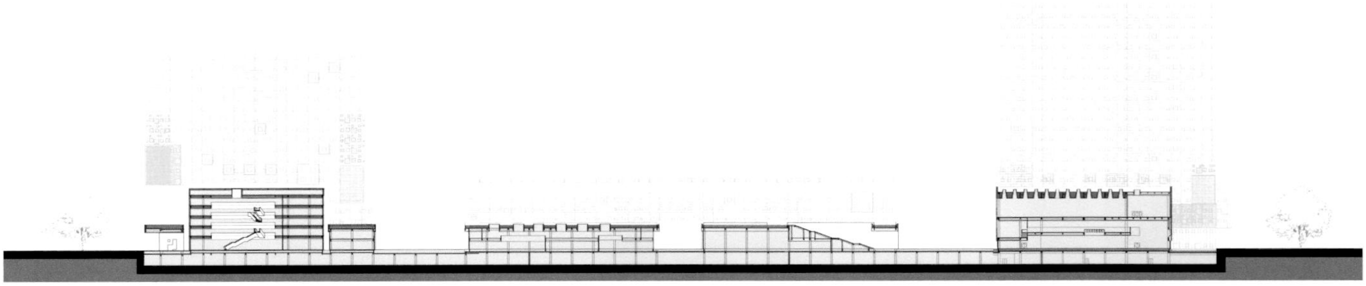

## 通用空间

和其他高科技产业园类似，“太湖云谷”数字产业园也具备某些共同的使用特点。一是产业类型有方向，但具体使用功能并不能先期确定。这类产业园都是在过程中不断完成招商的，入住企业的规模不同，对面积的要求也不一样。小的只有几百$m^2$，大的会需要一整层，甚至好几层，独角兽企业还需要独立楼栋。二是企业发展也不可能是完全稳定的。有的会快速发展而对空间有新的需求，也有的发展不顺，在市场中被挤压甚至退出。和生物医药类相比，没有太特殊的实验室；与机械类相比，不太需要大型设备空间。因而空间的通用性较强。

设计中，采取围合式的总图布置，总共10栋建筑，5栋高层与5栋多层。高层分列于地块的南侧与北侧，多层建筑布置在高层之间。高层均为研发办公空间，多层有2栋是研发办公，靠近西侧的，是预留给“独栋冠名”的招商对象，其他3栋均为公共配套。地面一层的层高均为5.9m，不仅能满足部分公共空间的高度要求，同时也为某些有特殊空间高度要求的产业入驻预留了充分的可能，建筑平面都是标准柱网与相对均质的连续空间，便于各种单元的分隔与组合。

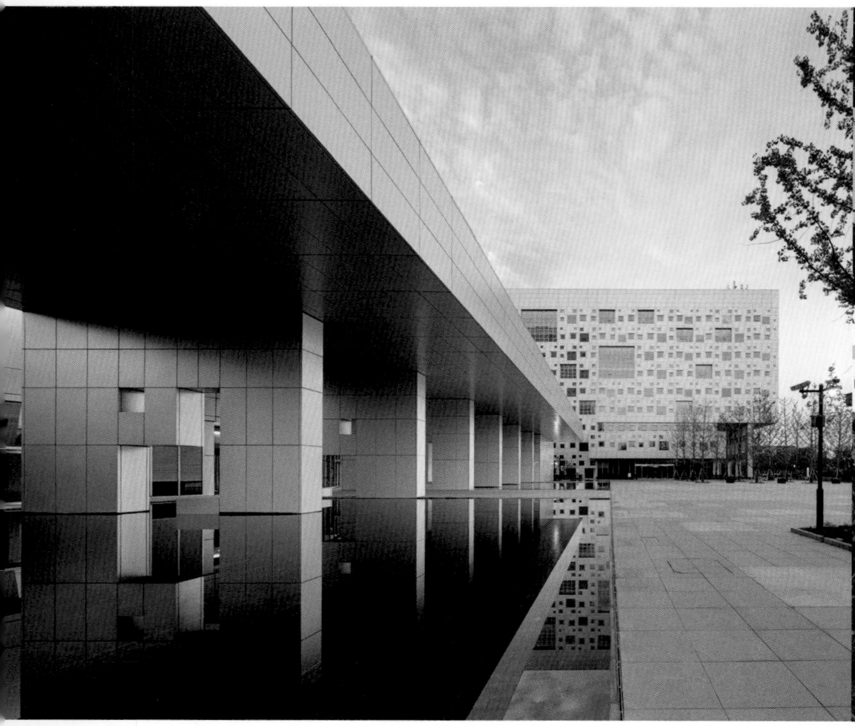

**共享空间**

此类产业园空间规模一般都比较大，容易形成同类型产业在规模上的集聚效应。这一效应的另一个优势还在于共享资源的集约化，大家可以共享一些同质性的公共配套以提高公共空间的使用效率并节约额外成本。同时，这类产业园以研发类人员为主，群体呈现年轻化、学历高的特征。

设计中采取了弥漫型的多级公共空间。第一级是中间部分中明确的共享空间，第二级是一楼与户外空间相连的开放空间，第三级是二楼开放的屋顶空间。除此之外，最重要的是还在各个不同的标准层中，继续预留了公共空间的各种可能。随着无线网络的不断发展，数字化办公对固定空间的依赖已是越来越小，交往空间与办公空间的界线也越来越模糊。有时，灵活开放的公共空间更受年轻人欢迎。

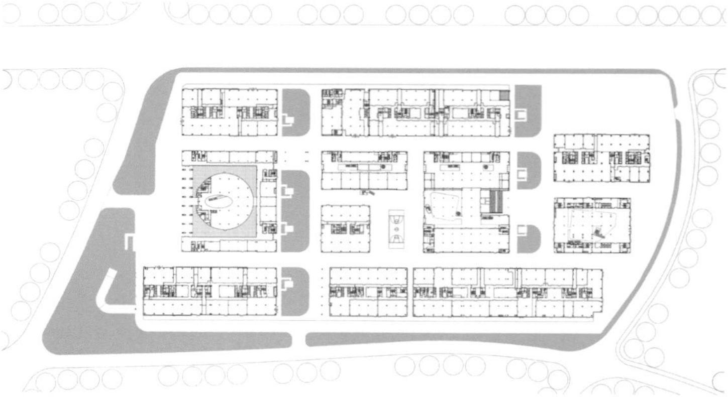

一层平面图

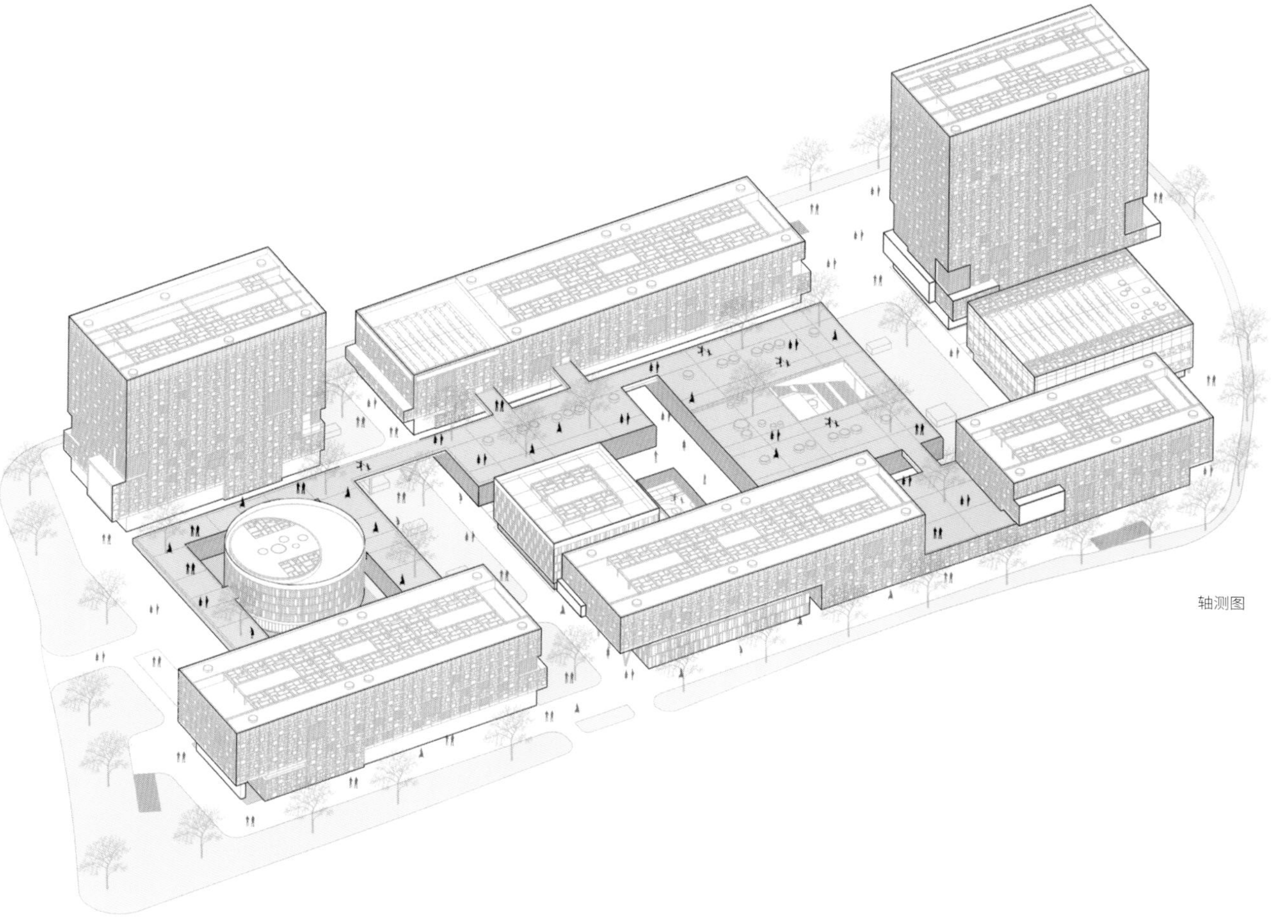

轴测图

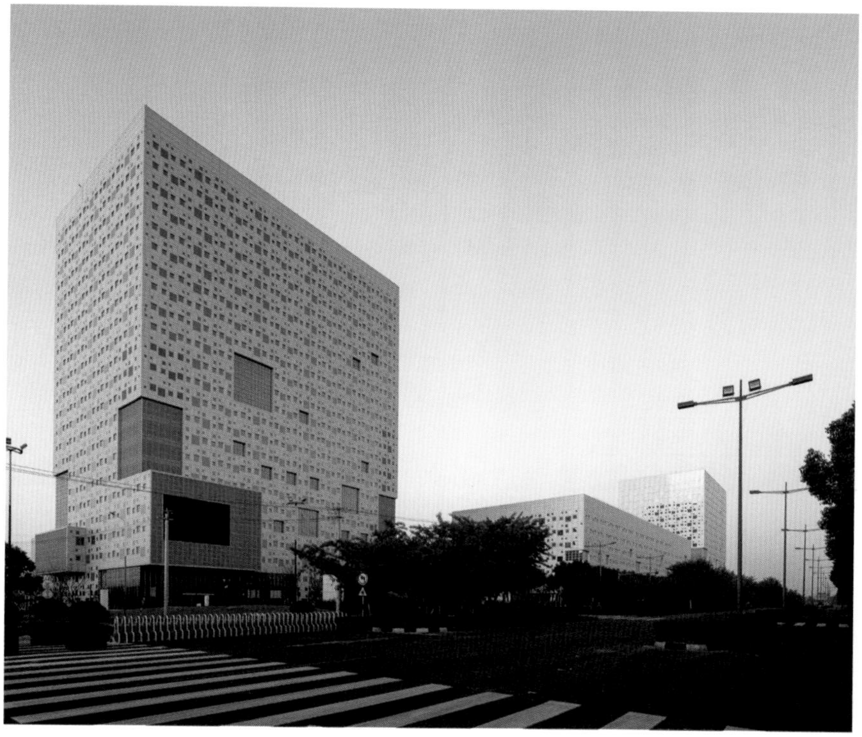

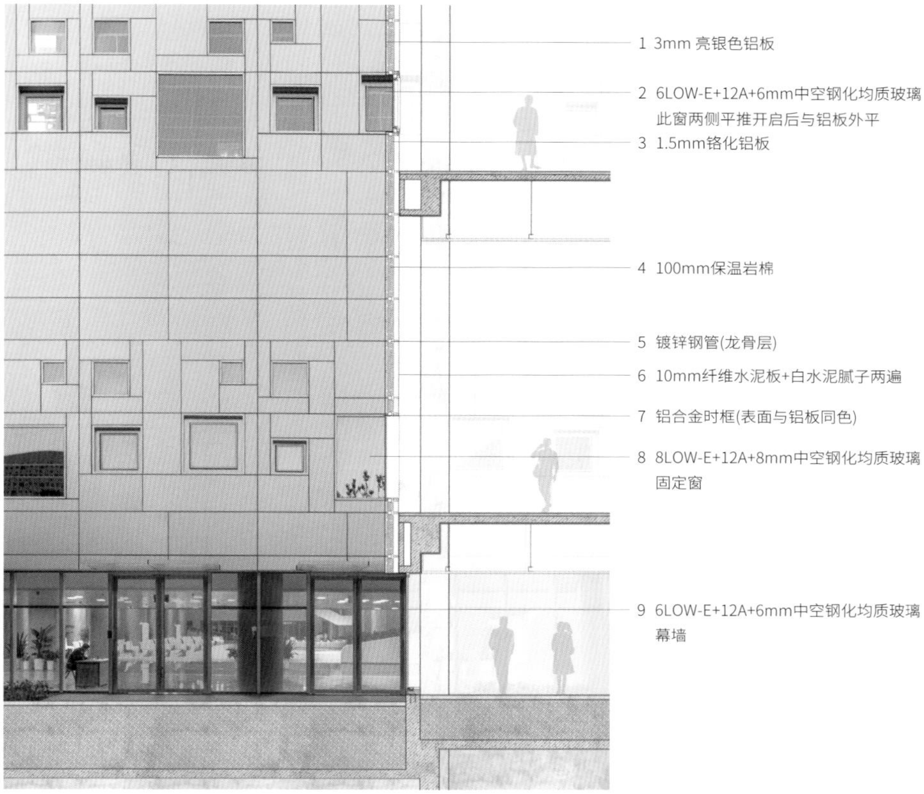


墙身构造详图

每一幢建筑都想成为标志性，事实上就没有了标志性。

Every building wants to be iconic, but in fact it becomes unrecognizable.

城市里的房子越建越高，以为越高的地方风景越好，然后看到的是充斥着设备与垃圾的屋顶。

Buildings are built higher and higher in the city, thinking that the higher you go the better view you have, but you only see rooftops filled with equipment and garbage.

我有三个自己，一个在天上，一个在地上，还有一个在水里，他们在三个平行的世界里独自前行。

I have three selves, one in the sky, one on the earth, and one in the water, and they move forward alone in three parallel worlds.

# 教育

# EDUCATION

# 2018—
# 2021

# 风景中的风景

# Landscape in Landscape

绍兴上虞第一实验幼儿园

Shangyu First Experimental Kindergarten, Shaoxing

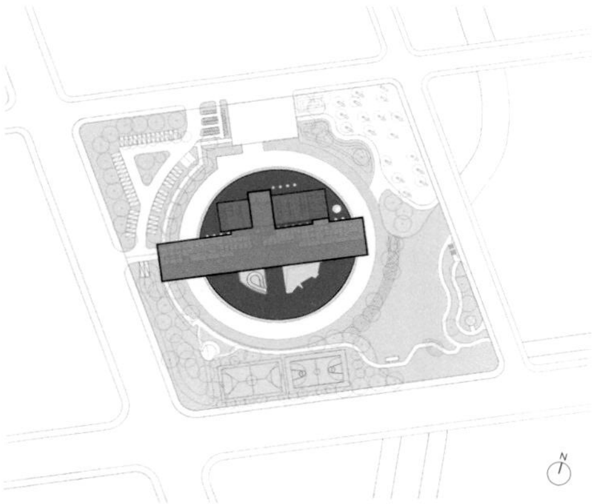


绍兴上虞第一实验幼儿园是既是一所学校，同时也是公园里的一道风景。通过消解与融入的方式，让建筑成为风景的同时，也对学校与社会之间的物理空间和心理空间关系进行了一次有益的探索。学校规模为 18 个普通班级，另有 6 个班的预留，总建筑面积约 1.1 万 $m^2$。

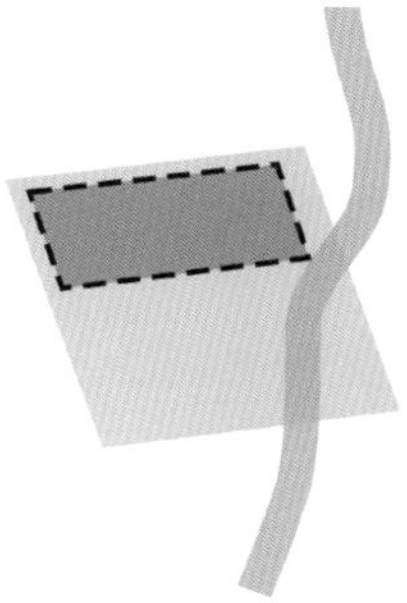

场地策略1: 幼儿园在公园北侧

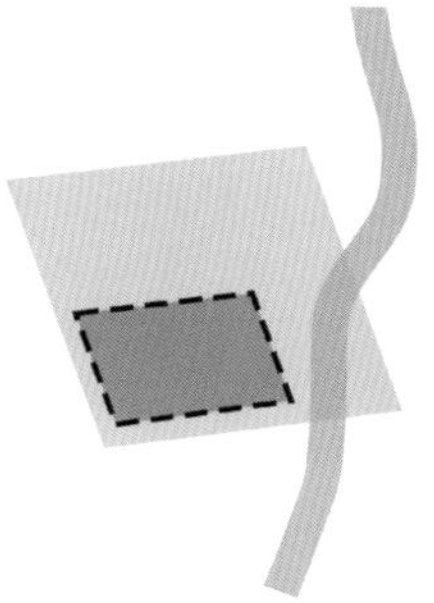

场地策略2: 幼儿园在公园南侧

场地策略3: 幼儿园在公园中间

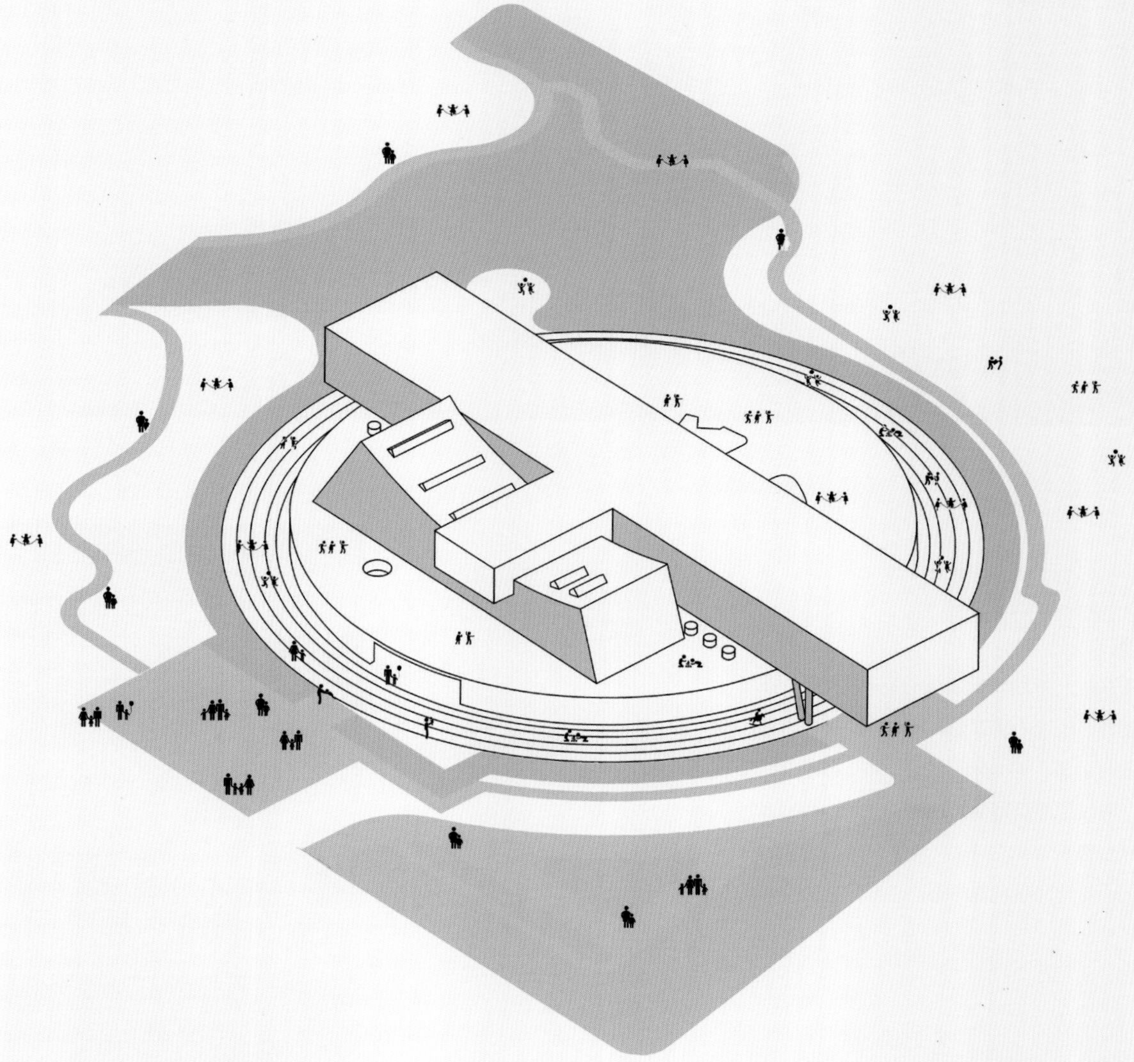

## 风景中的建筑

场地位于由规划道路切割而成的菱形空地上，按照上位规划的要求，地块内除了幼儿园，尚有一个为周边社区服务的城市公园。颇为难得的是，幼儿园在整个地块中的位置，可以由建筑师参与决策。最终，我们选择将幼儿园置于公园的环抱之中，“消失”的建筑成为景观的一部分，幼儿的活动与欢声笑语也成为公园中最靓丽的风景。

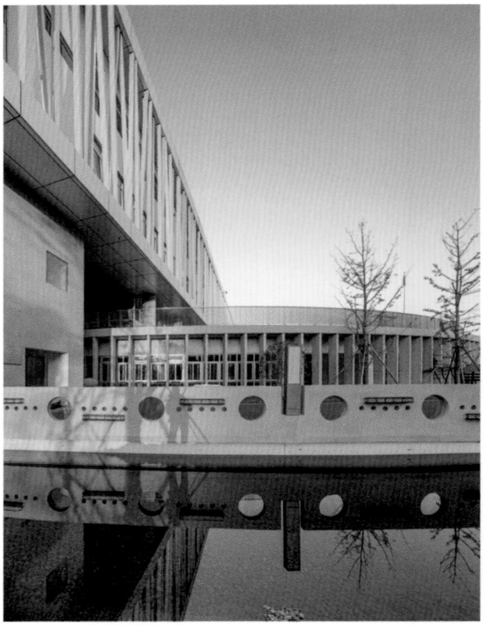

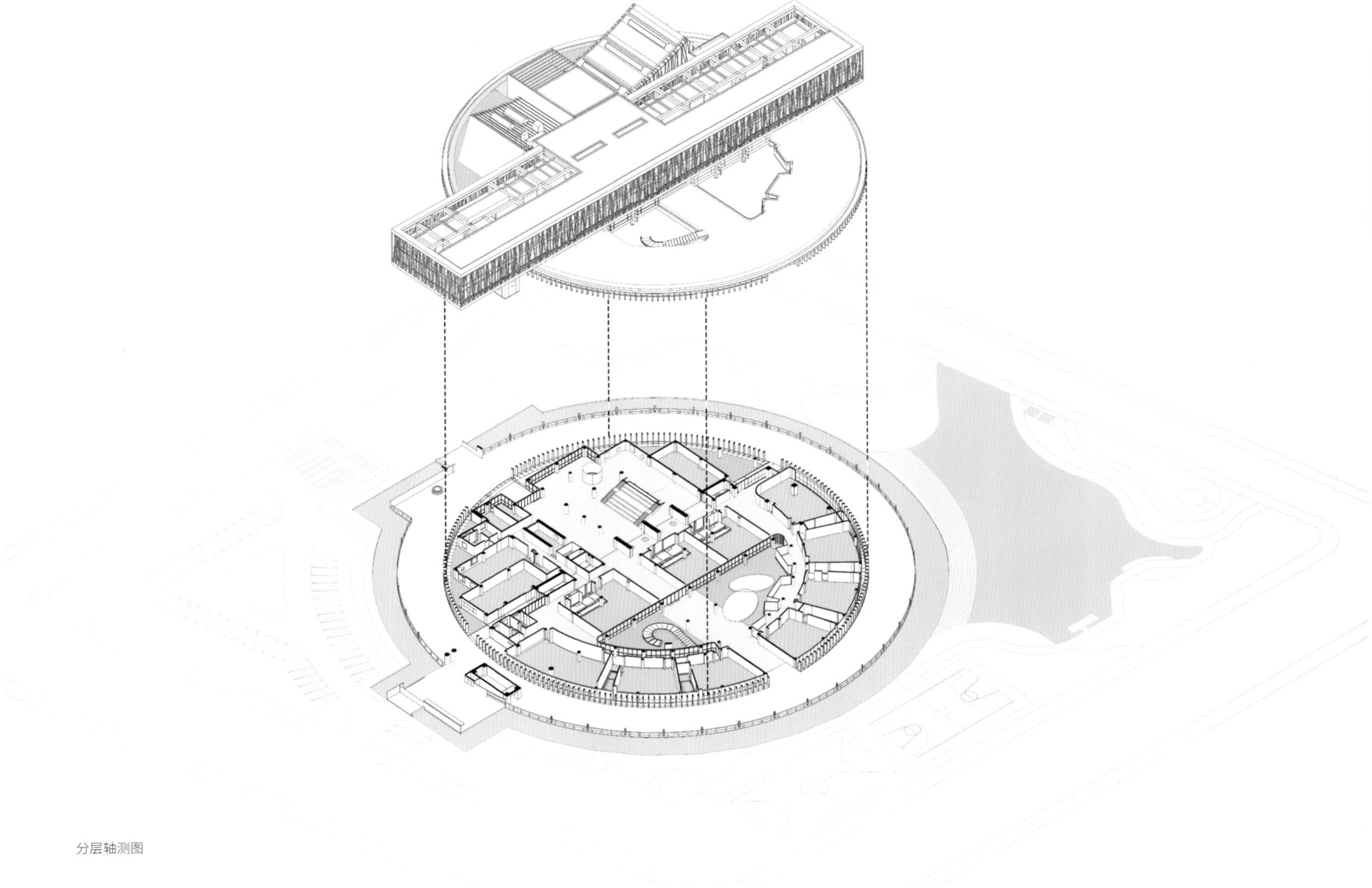

分层轴测图

### 限定中的自由

作为幼儿活动场所，孩子的一举一动不可避免地需要在围墙、门禁、护栏、监控等防护措施的限定之中。设计的初衷，是要在这限定之中，给予孩子最大的自由。开敞的庭院，给了孩子们在阳光下奔跑、嬉戏的空间。宽阔的屋面为孩子们提供了安全的空中看台，可以让他们安心地顺着围栏而坐，悠然自得地将腿脚悬挂在屋檐外，给操场上表演的小朋友鼓掌助兴。屋顶的“小菜园”还是天然的教育基地，活动之余，看着瓜果蔬菜慢慢长大，也是另外一种期待。在建筑内部，放大的“街道”代替了只供通行的走廊，半开放的多功能厅则既是小剧场又是报告厅，同时作为孩子与教师展示、交流的舞台。富有童趣的空间和色彩奠定了公共空间的基调，形式多样的天窗使小朋友们可以通过自然光线的变化感知时间的变迁。

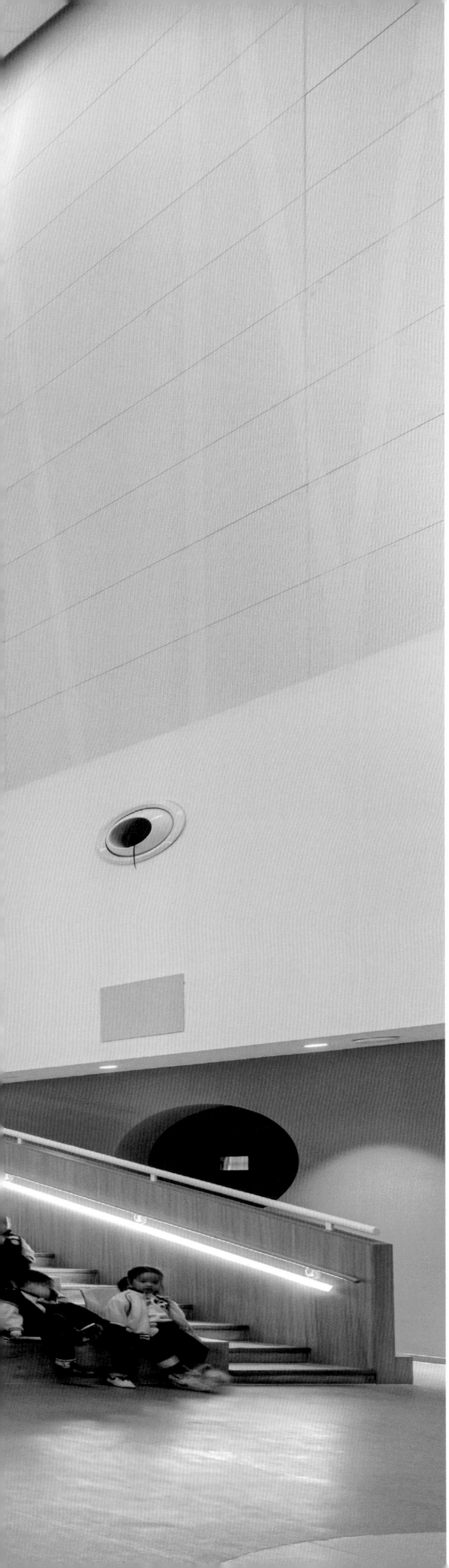

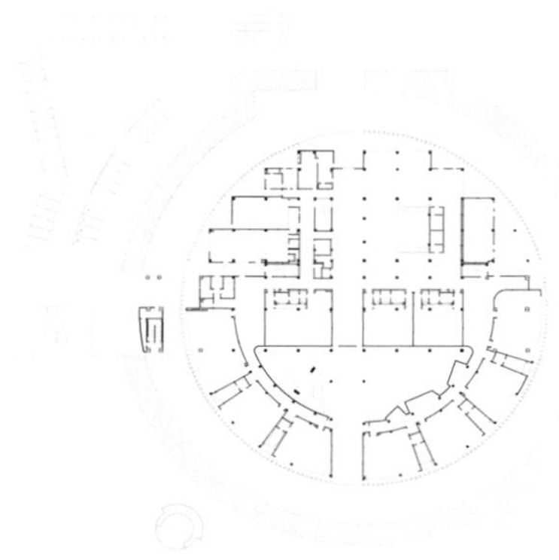

一层平面图

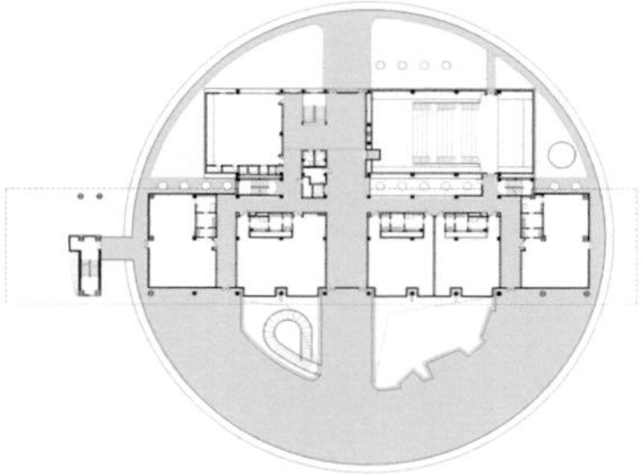

二层平面图

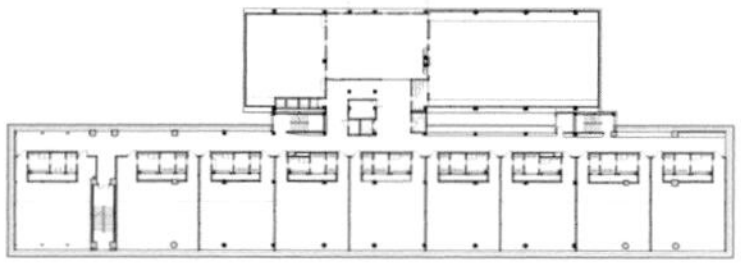

三层平面图

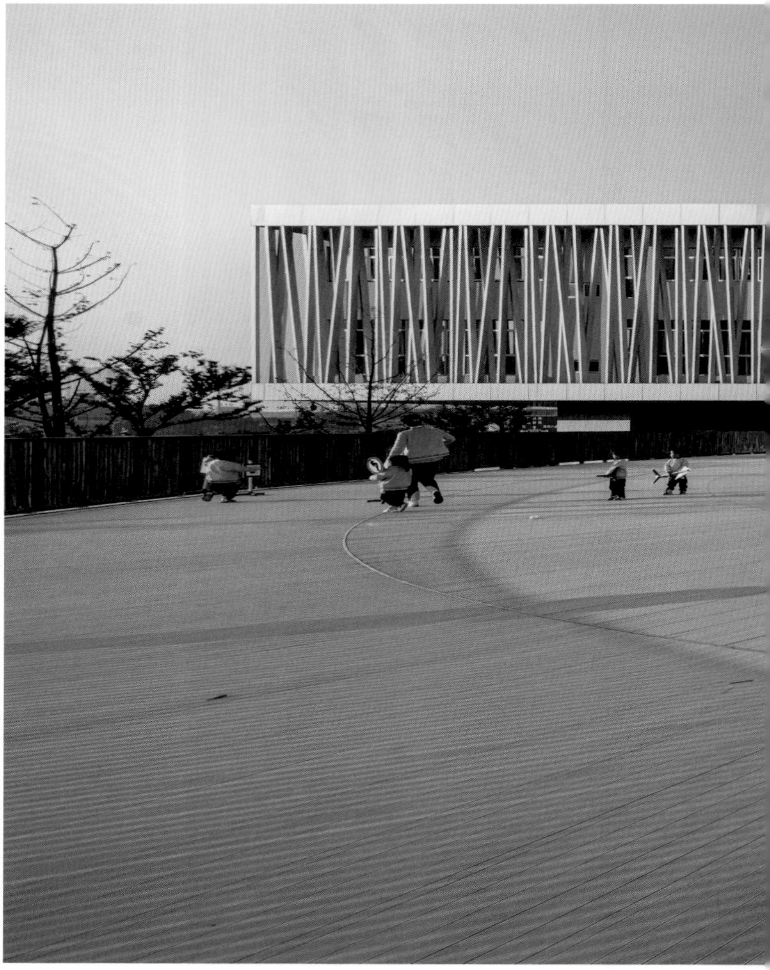

### “消失”的界面

区别于传统幼儿园动辄2m高的围墙，我们采用深度450mm的浅水池作为幼儿园与社会界面的第一道防护。同时，水池也是公园景观的一部分，与周边河道连通。在水池与环绕建筑的活动场地之间，有一道高1200mm的混凝土拦板，拦板上开有窗洞，幼儿及教师与公园之间不再有视线阻隔，公园里活动的人们也能清楚看到孩子们嬉闹的场景。圆形基座的外围是一圈清水混凝土格栅片墙，周围种植绿色爬藤植物，以作为近人尺度的建筑表现。二三层的幼儿园休息活动室与局部四层的行政办公形成一个规整的矩形，架在圆形基座上，外立面采用浅灰色金属格栅和少量的爬藤植物作为立面表现。刻意弱化的边界使景观、建筑以及人的活动融入一起，孩子们徜徉于建筑内外，景观之中，在不知不觉中迈出了人生的第一步。

SHANGYU FIRST EXPERIMENTAL KINDERGARTEN

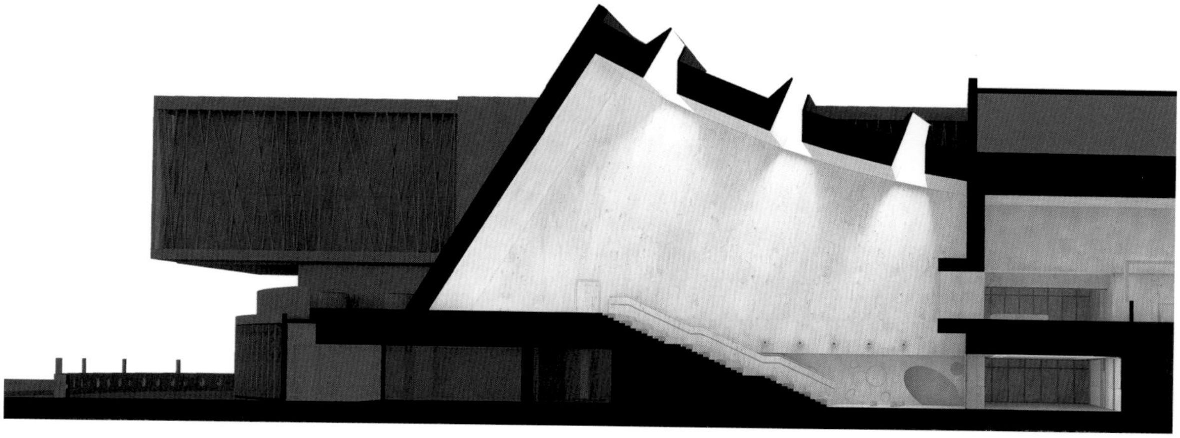

一个建筑师的形象基本上可以由他所设计的房子投射而成，经常是这样的，
当我在介绍一个建筑师时，我全部的描述都是他所设计的房子。

An architect's image can essentially be projected by his design works, and it is often the case that when I am talking about an architect, I only talk about the buildings he has designed.

设计不只是解决问题，设计必须创造更多的可能。所以设计的过程中，
发现问题比解决问题更有意义。

Design is not just about solving problems; it must create more possibilities. Therefore, in the design process, discovering problems is more meaningful than solving them.

现在有很多文字型建筑师，他们在用文字表达建筑时非常动人，
而一旦转化为空间语言后就完全相形见绌了。

Nowadays, there are many verbal architects who are eloquent when using words to describe design ideas, but are completely dwarfed once translated into spatial language.

# 2014—2016

# 城中之城

# City within a City

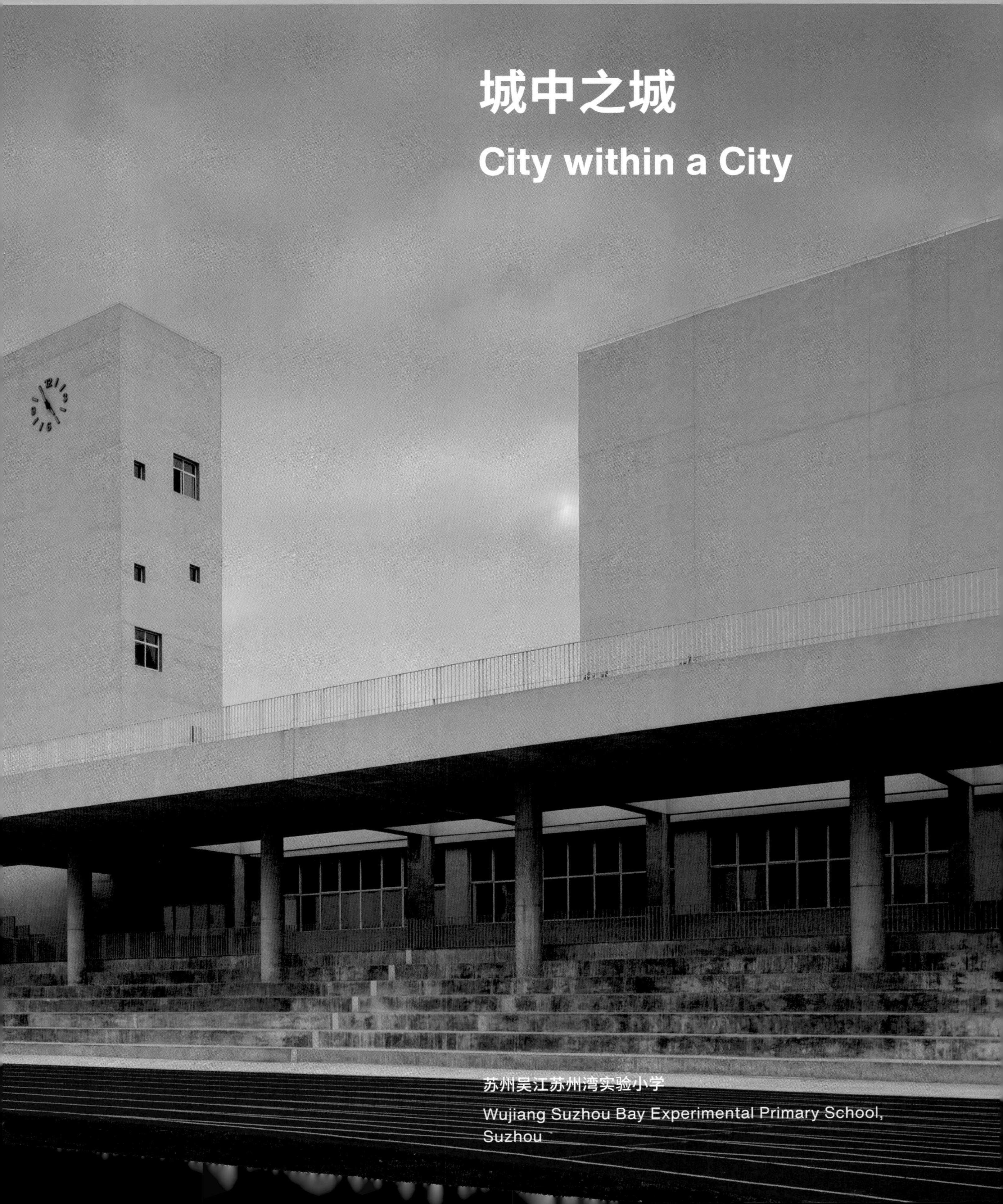

苏州吴江苏州湾实验小学

Wujiang Suzhou Bay Experimental Primary School, Suzhou

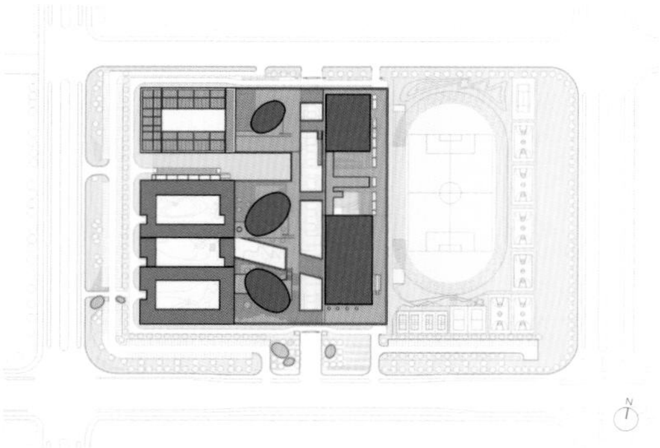

无论对于师生、家长抑或整个社会而言，理想的教育模式都不会是当下应试体系的模样。建筑师对体系的反思及改良的意愿往往表现在对空间形式的立场上，并试图激发场所类型新的可能性。苏州湾实验小学就是一次对校园空间范式重构的研究实验。小学位于太湖新城核心区，规模为 10 轨，附属幼儿园为 6 轨，总建筑面积约 7 万 $m^2$。

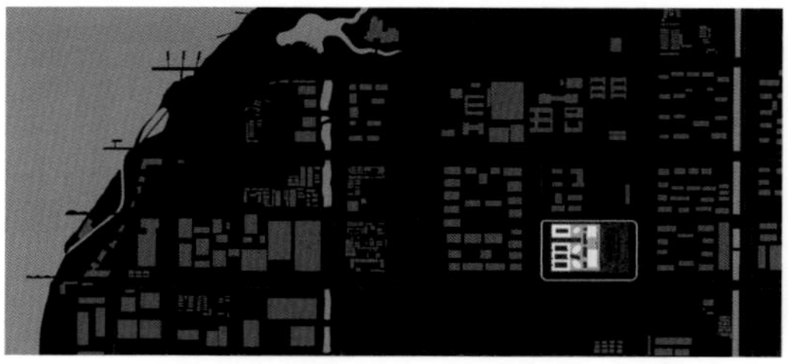

“城中之城”——苏州湾实验小学区位图

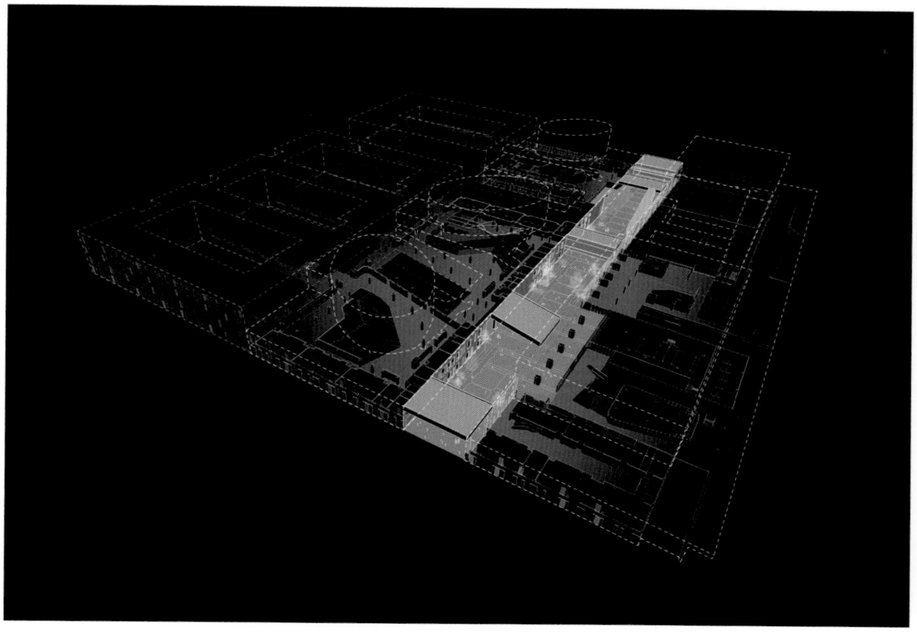

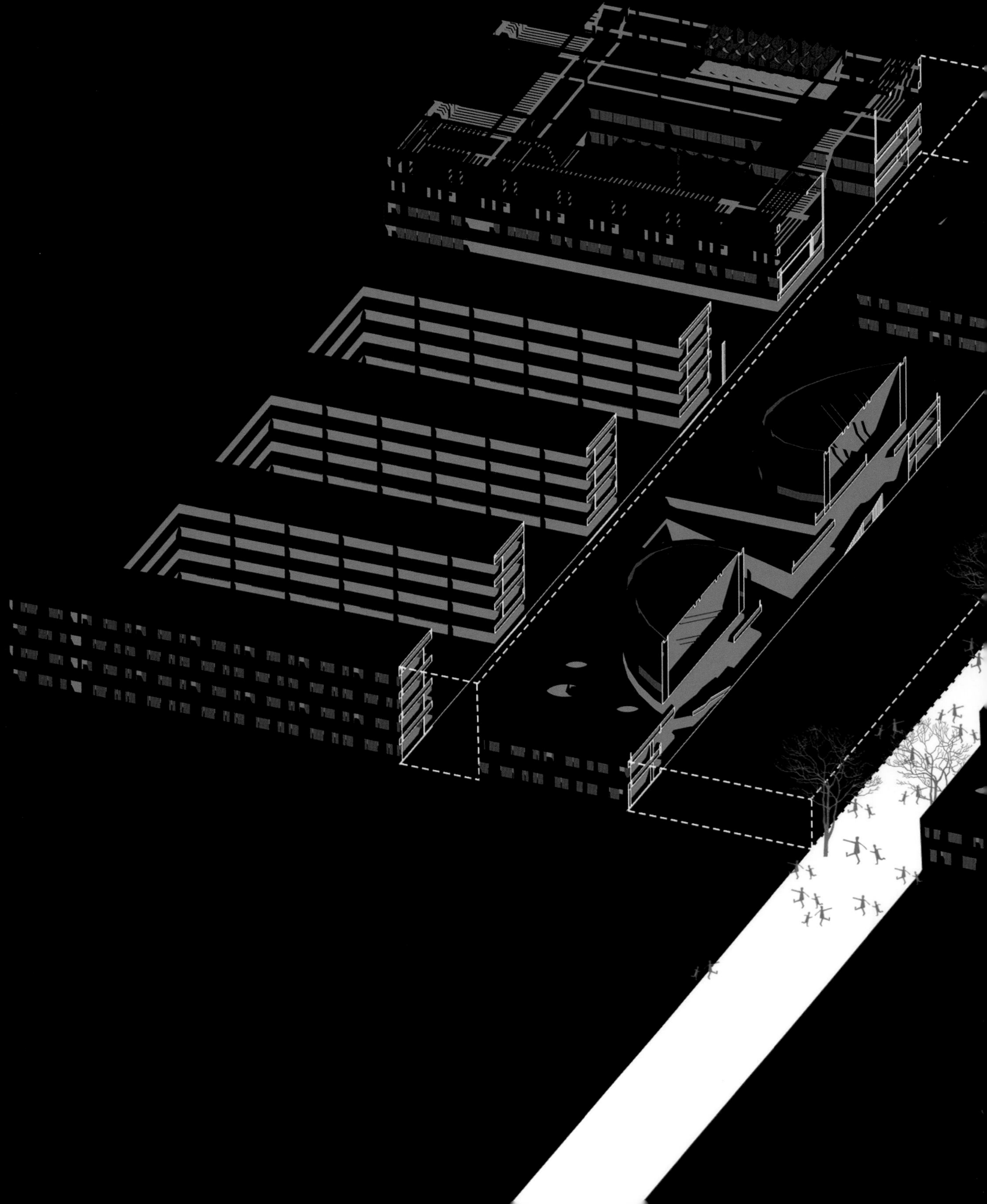

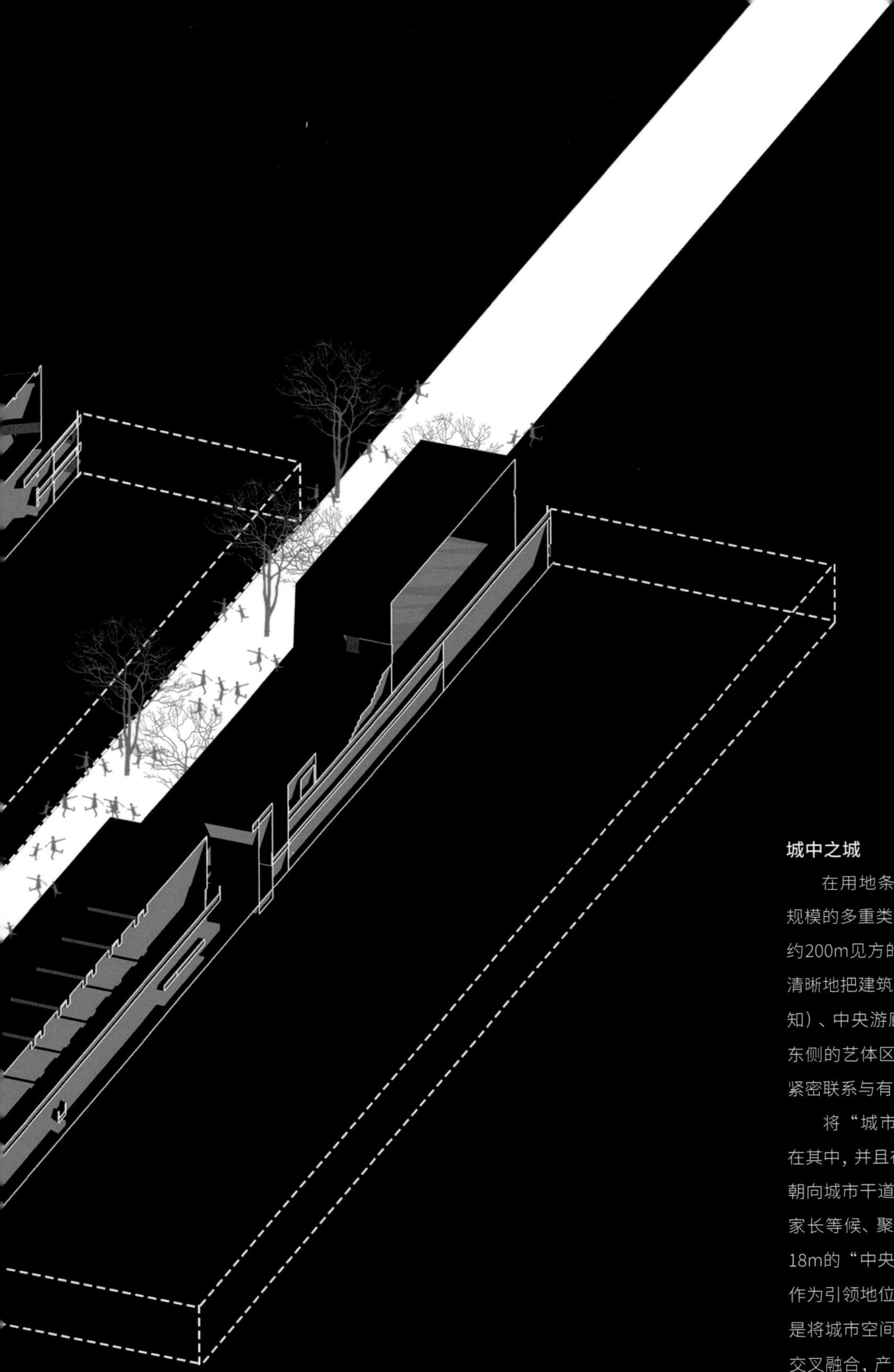

**城中之城**

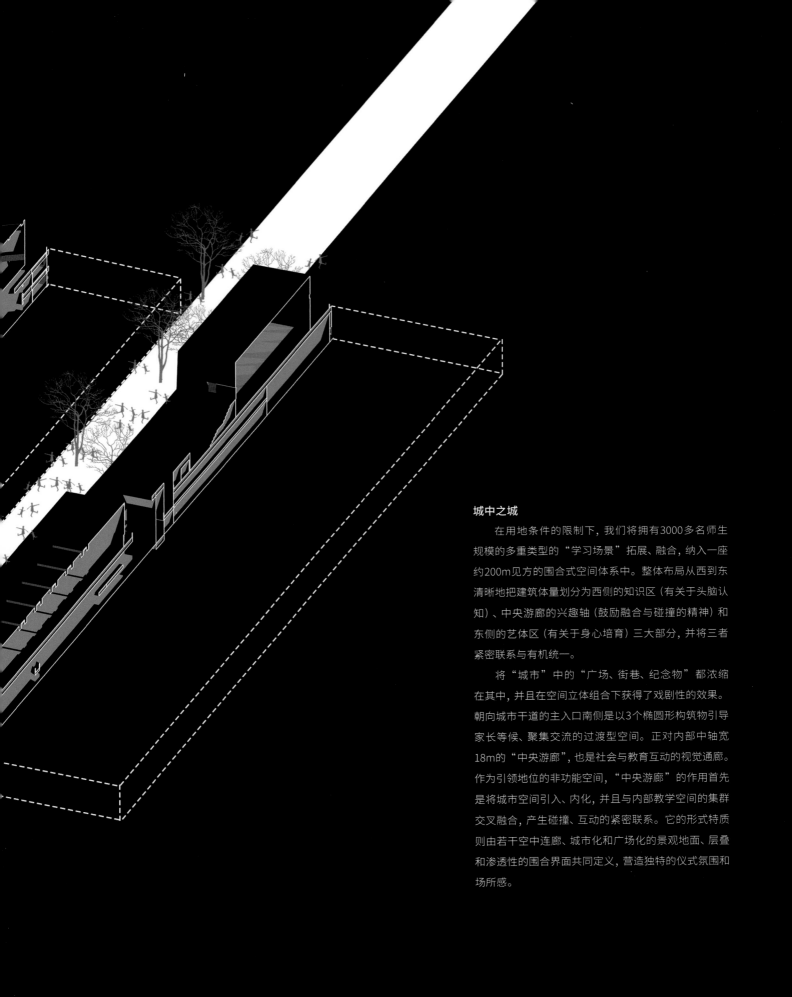

在用地条件的限制下，我们将拥有3000多名师生规模的多重类型的“学习场景”拓展、融合，纳入一座约200m见方的围合式空间体系中。整体布局从西到东清晰地把建筑体量划分为西侧的知识区（有关于头脑认知）、中央游廊的兴趣轴（鼓励融合与碰撞的精神）和东侧的艺体区（有关于身心培育）三大部分，并将三者紧密联系与有机统一。

将“城市”中的“广场、街巷、纪念物”都浓缩在其中，并且在空间立体组合下获得了戏剧性的效果。朝向城市干道的主入口南侧是以3个椭圆形构筑物引导家长等候、聚集交流的过渡型空间。正对内部中轴宽18m的“中央游廊”，也是社会与教育互动的视觉通廊。作为引领地位的非功能空间，“中央游廊”的作用首先是将城市空间引入、内化，并且与内部教学空间的集群交叉融合，产生碰撞、互动的紧密联系。它的形式特质则由若干空中连廊、城市化和广场化的景观地面、层叠和渗透性的围合界面共同定义，营造独特的仪式氛围和场所感。

公元14000年
天龙座
SPACE

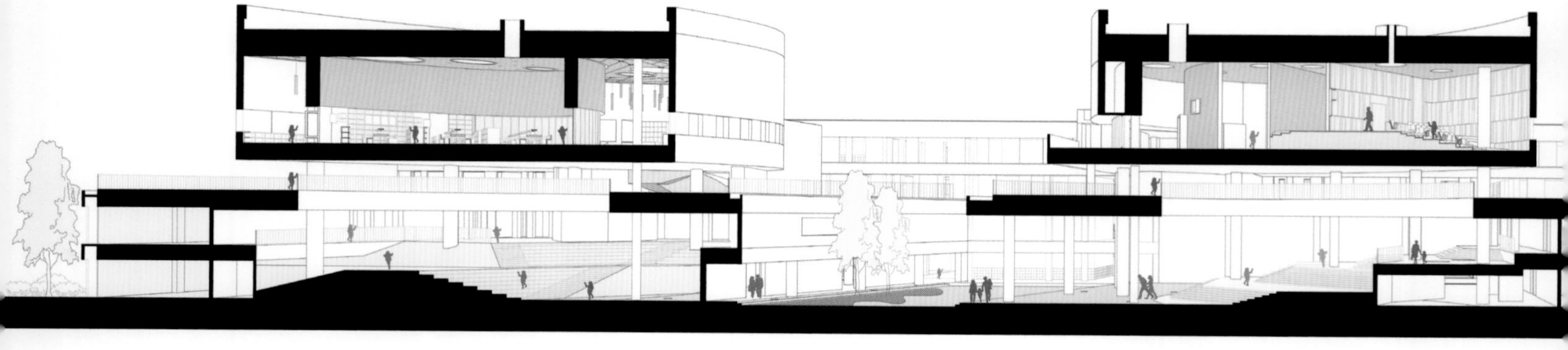

## 叠透与弥散

在中央游廊西侧，3个突出平台的椭圆柱体，分别为图书馆、报告厅和幼儿园的多功能体验厅。其下部的非功能空间两层通高架空，运用了一种“空间投射”的策略，将上部的室内功能映射、延展到下部的开敞中庭之中。同质空间的上下叠合关系是“内涵与外延”的融合，强化了不同主题的教学活动在非功能空间中的渗透和弥散，是挣脱有限的固有空间模式的尝试。

具体而言，如小学中庭通高空间中的“木质阶梯座席、圆柱下的环形书架、阅览岛”等供学生阅读、交流、活动的布局，无一不是上部图书馆功能的延续，得益于中庭的公共性、开放性，学生与老师可以在开放的台阶上读书、品书、交流心得。如东南部的风雨球场下部的底层架空，以坡道、倾斜的圆柱、台阶、半层平台、红色悬挑楼梯和方形采光孔的白色、黄色背景墙组合营造漫游的空间氛围，烘托出一座独立漂浮的、晶莹剔透的展示性舞蹈房。这何尝不是风雨球场功能的另一种延续。

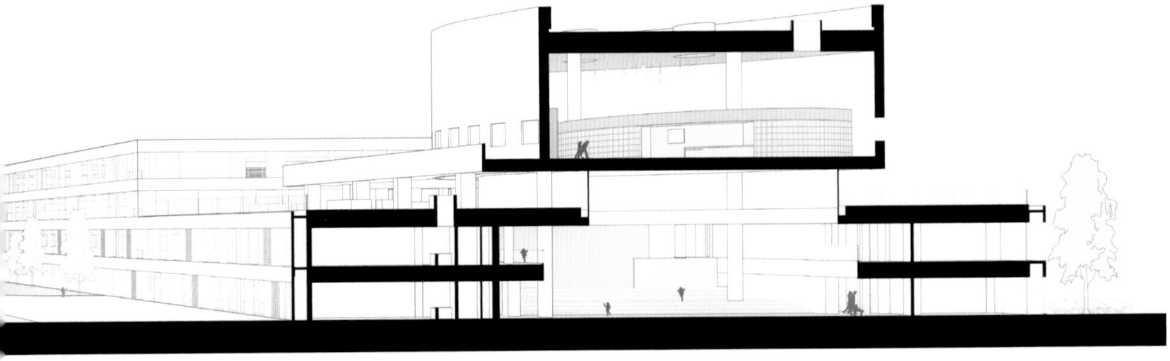

## 迷宫花园

苏州湾实验小学的步行系统从地面与空中两个不同的层次，形成路径和场所掩映交织的拓扑网络——以曲折片段组织出非线性的迷宫，形成类似于中国古典园林的场所感。

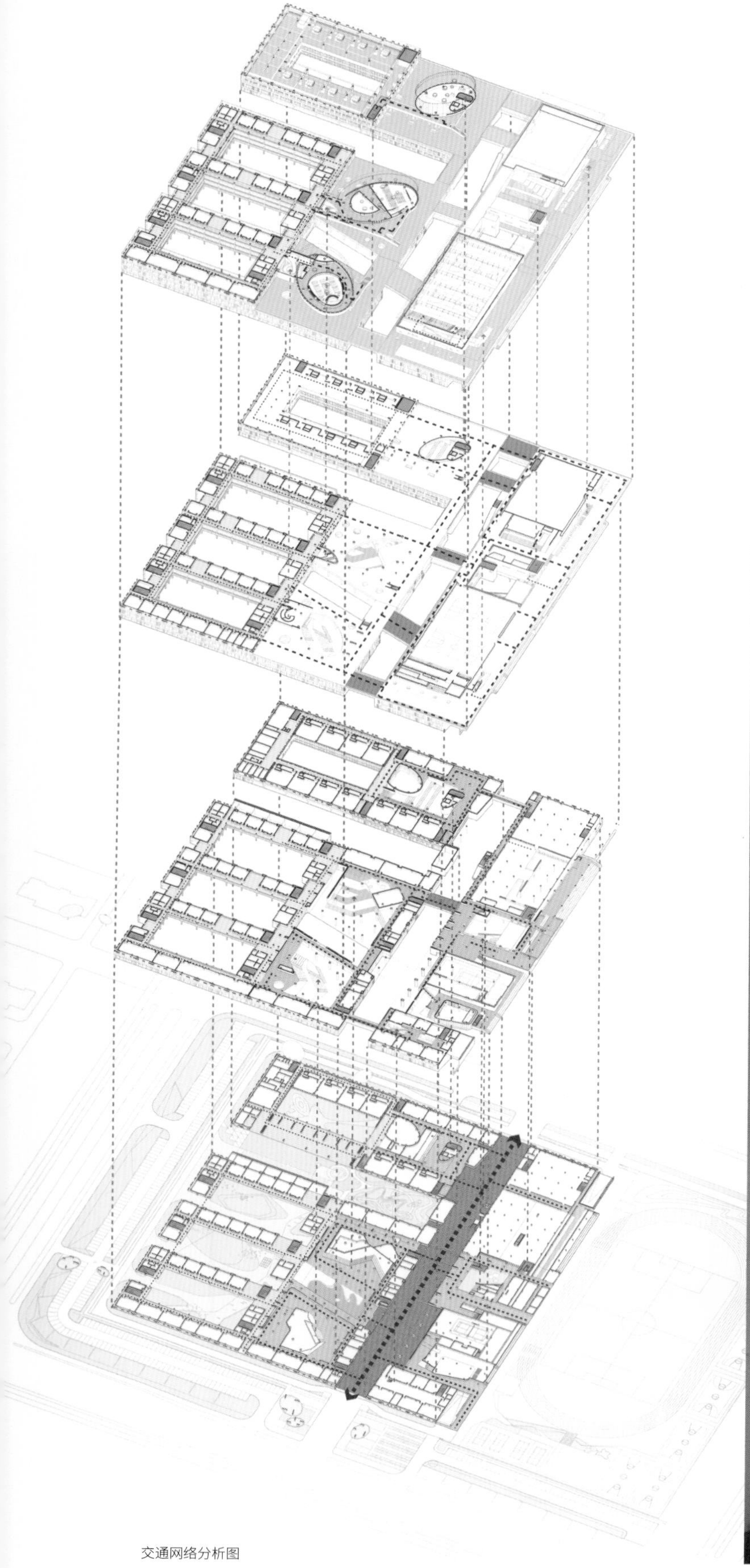

交通网络分析图

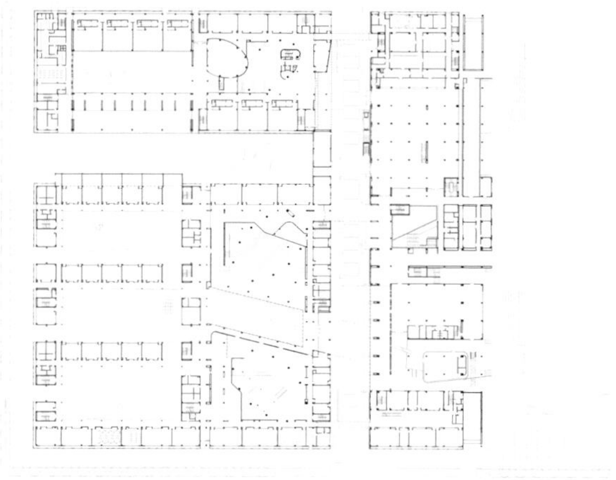

一层平面图

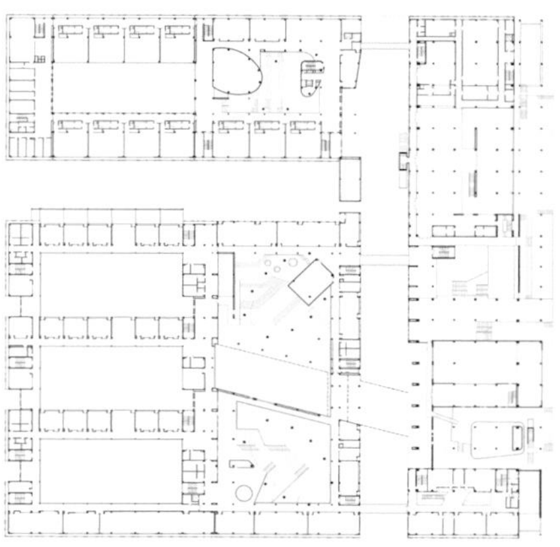

二层平面图

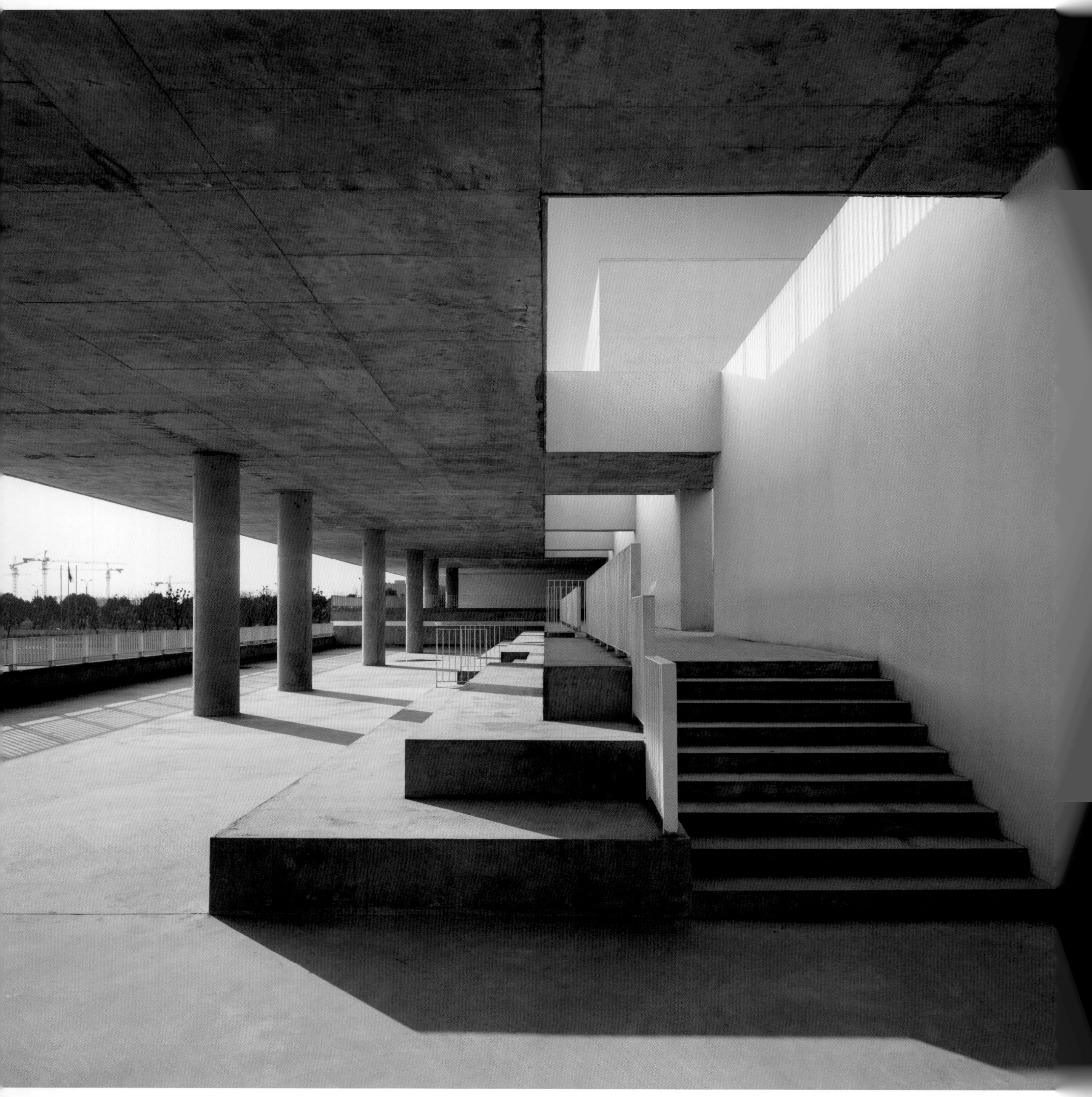

独立
坚持
进取

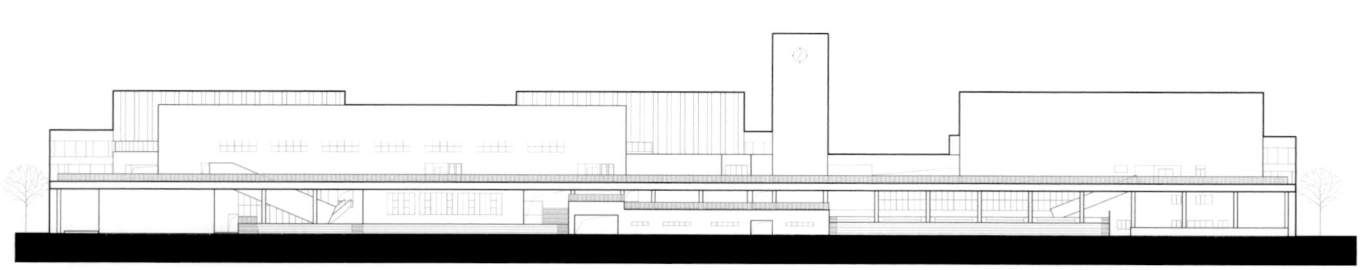

**谦逊的外立面**

我们无意将这个体量庞大的建筑做成一个“巨构体”，以此来突出所谓的标志性。相反我们通过教学单元上窗洞模块以及竖向遮阳板的错落搭接而成的“双层表皮”，将同质空间形成简洁统一的整体。我们认为这种整体性使得立面具有透明性、适应性，也使建筑最大限度融入周围的城市绿化中。

苏州湾实验小学的设计，打破传统学校将教学区作为核心的组织方式，着重突出并强化了非功能空间的“多义性”——互动的参与感、非线性的游历、多情节叙事的可能性，并通过对功能比重的再分配突出强调了非功能空间的重要性。

不管您相不相信，我的设计大多数时候是在不做设计的时候设计出来的。

Believe it or not, I design most of the time when I'm not designing!

建筑设计是我的一种存在方式，通过它，我陈述着对这个世界的理解与看法，并因此承担应有的社会责任。

Architectural design is my way of being, through which I state my understanding and view of the world, and thus assume my social responsibility.

# 2014—
# 2018

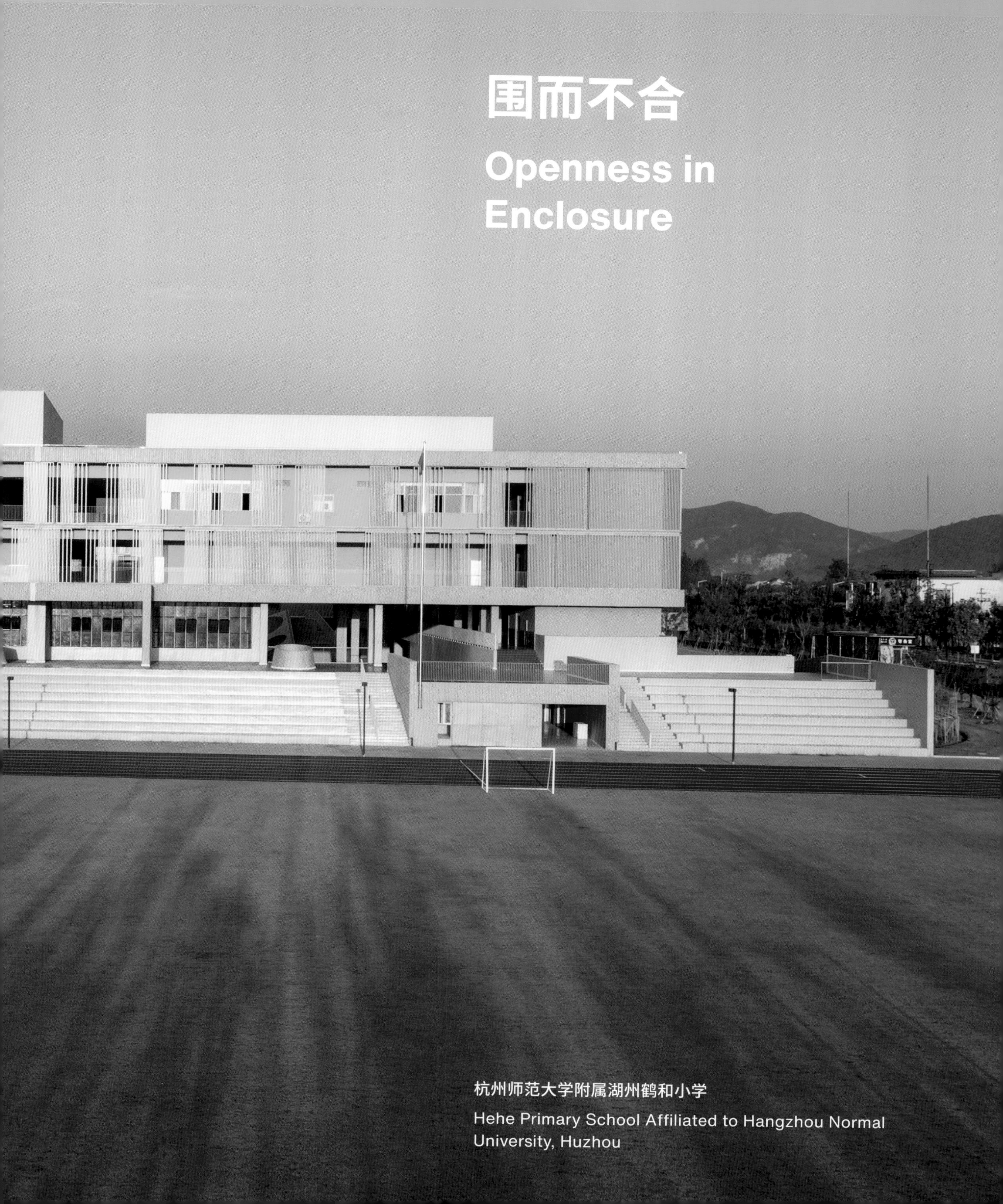

# 围而不合

# Openness in Enclosure

杭州师范大学附属湖州鹤和小学

Hehe Primary School Affiliated to Hangzhou Normal University, Huzhou

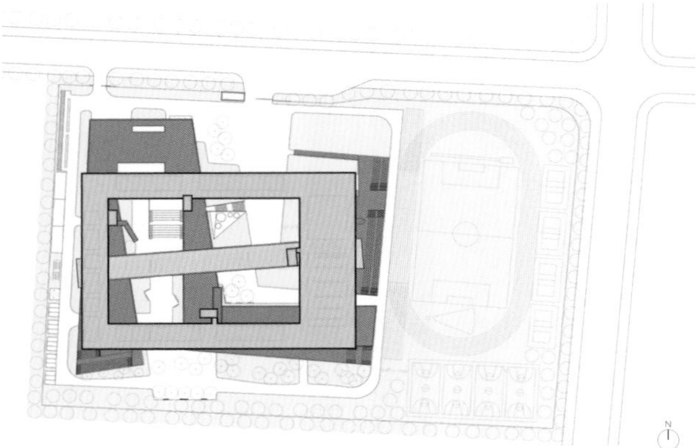


鹤和小学位于湖州市太湖旅游度假区震泽路西侧，规模为8轨48班。虽然这只是一座4层的多层建筑，但其空间组合、材料及色彩的变化丰富而巧妙。在有限的面积指标控制中，在充分满足日常教学功能与现行技术规范的前提下，创造出空间与场所的多样性，并在空间与场所的多样与复合中融入了建筑师对当下中国应试教育的批判与反思。

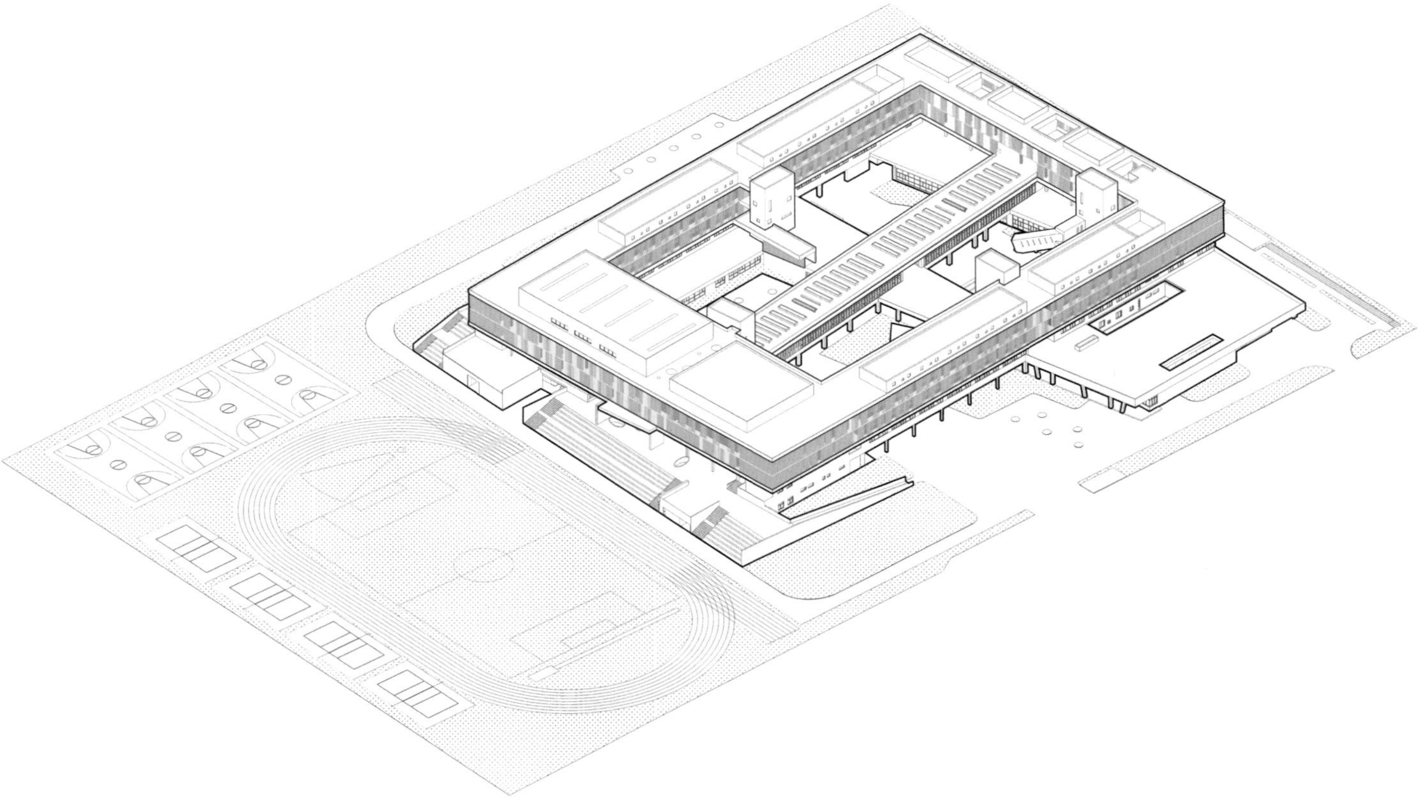

## 开放与围合

围而不合是鹤和小学在形式与功能上的主要特点，也是鹤和小学在行为组织上的空间策略，是对当下应试教育的反思和批判，也是一次空间陪伴成长的努力与实践。建筑共4层，立面三段式，三、四层为严谨围合的整体，二层是过渡层，底层为基座。功能与之相对应，三、四层主要为普通教学空间，二层相对综合，底层除部分素质教育功能外，大多为开放的“非功能空间”。

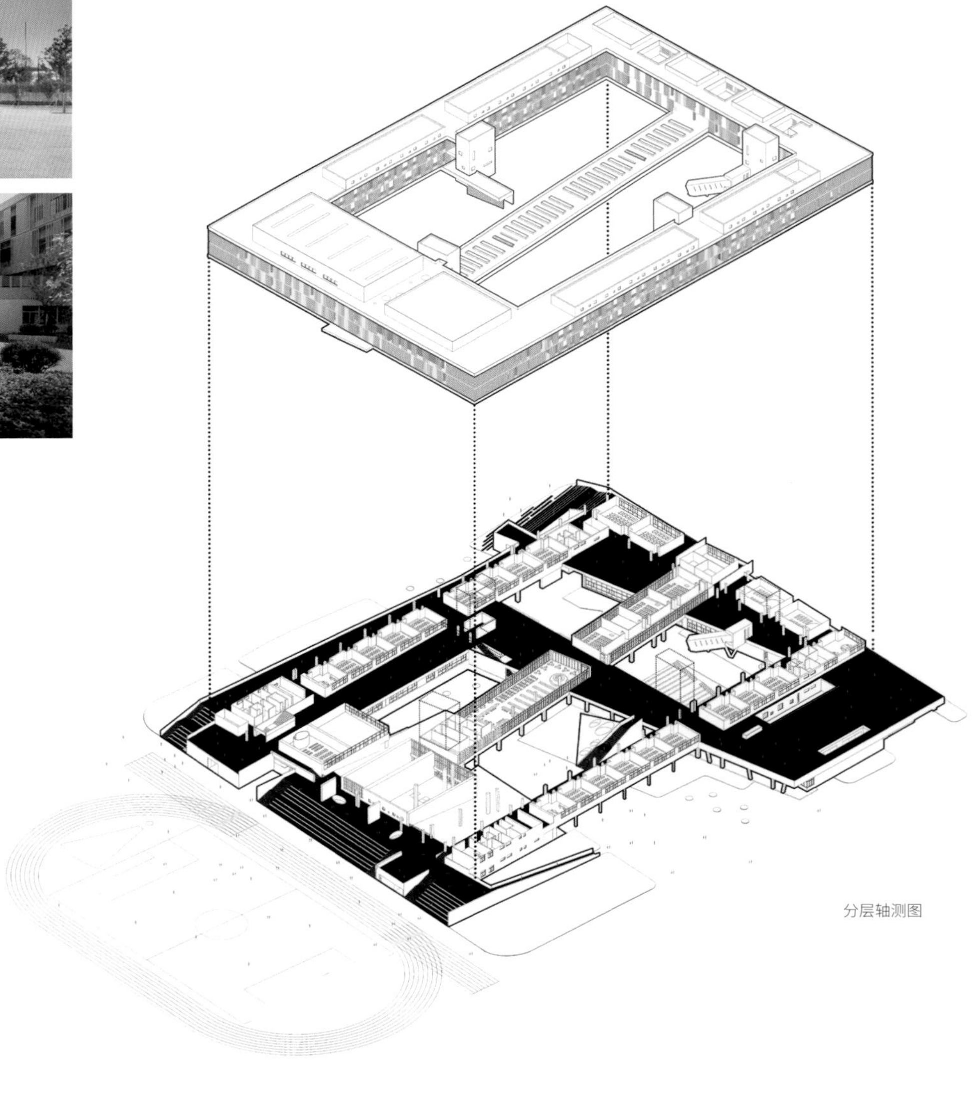

分层轴测图

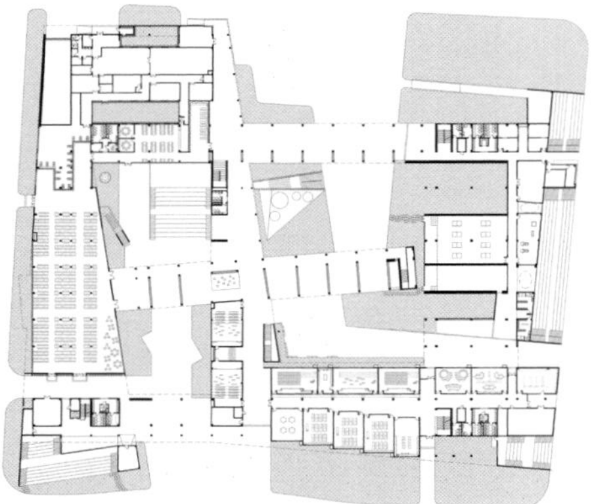

一层平面图

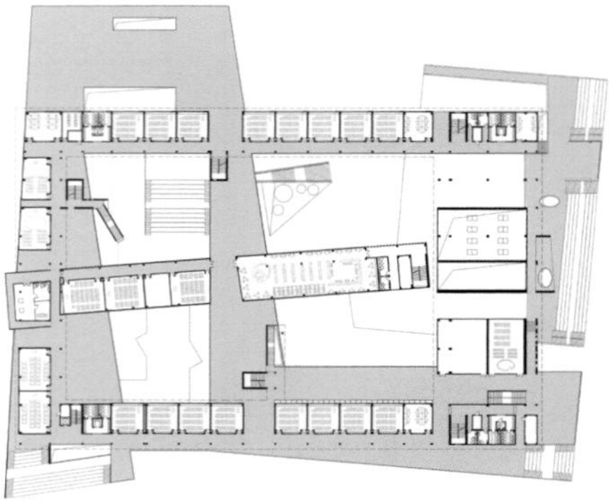

二层平面图

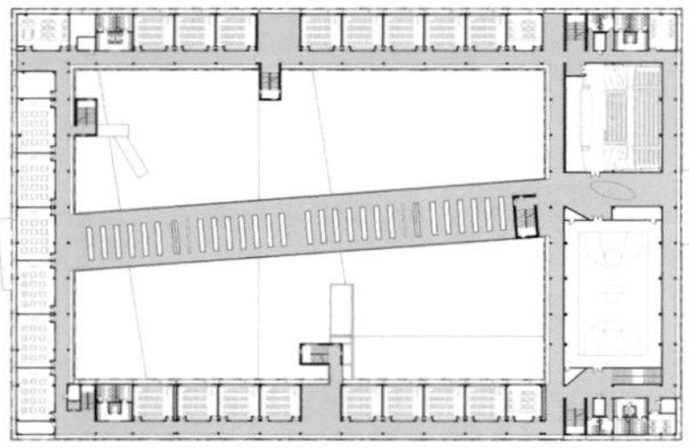

三层平面图

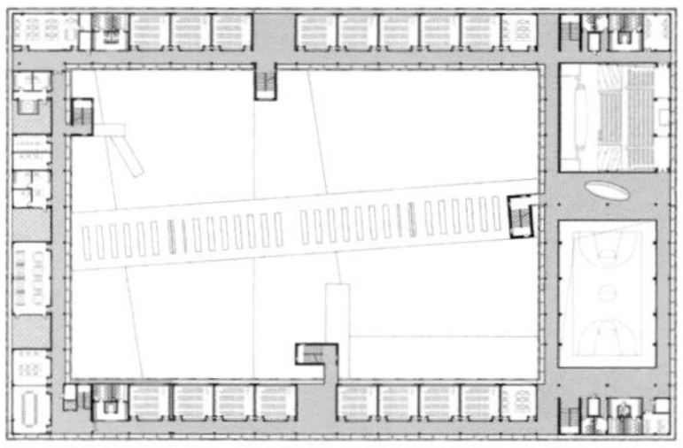

四层平面图

### 立体复合的活动界面

二层与三、四层最大的不同在于，除了有和三、四层基本一致的标准教室外，还有大量开放的向内、向外、向东南西北各个方向肆意蔓延的屋顶活动平台。这些蔓延的空间引导蔓延的行为，将上部四合院原本向内的约束向外全方位突破。西部北侧的厨房屋顶率先突破，大面积向北展开，中间餐厅上方的屋顶向东向内展开，并在西南角形成宽大平缓的台阶与地面景观相连接。围合中心的图书馆屋面与不同标高的活动平台形成十字交叉，在前后左右各个方向将各功能空间连成整体。东侧是较为整体的平台和台阶，向东伸展出去，形成东部运动空间与西部教学空间之间的分隔，也是两者之间的连接，组织并激活了校园空间中两大不同类型的功能。

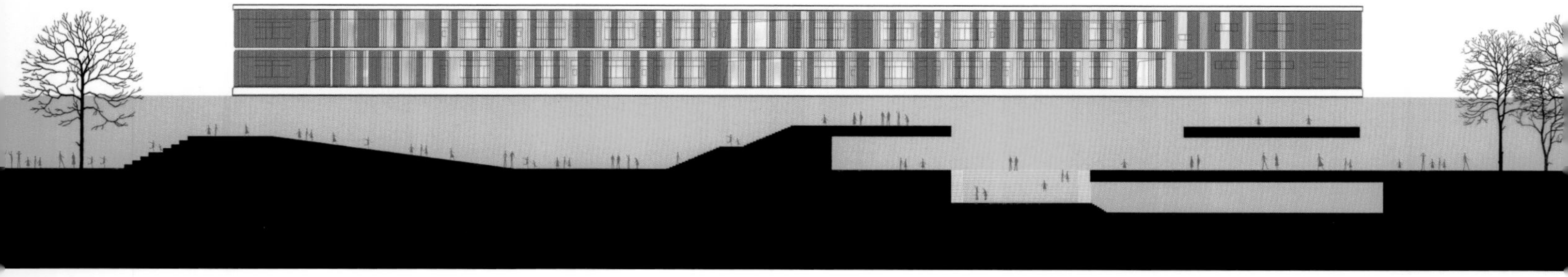

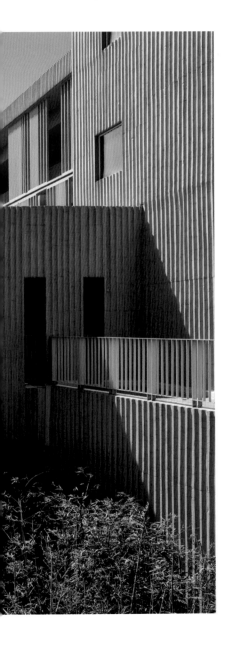

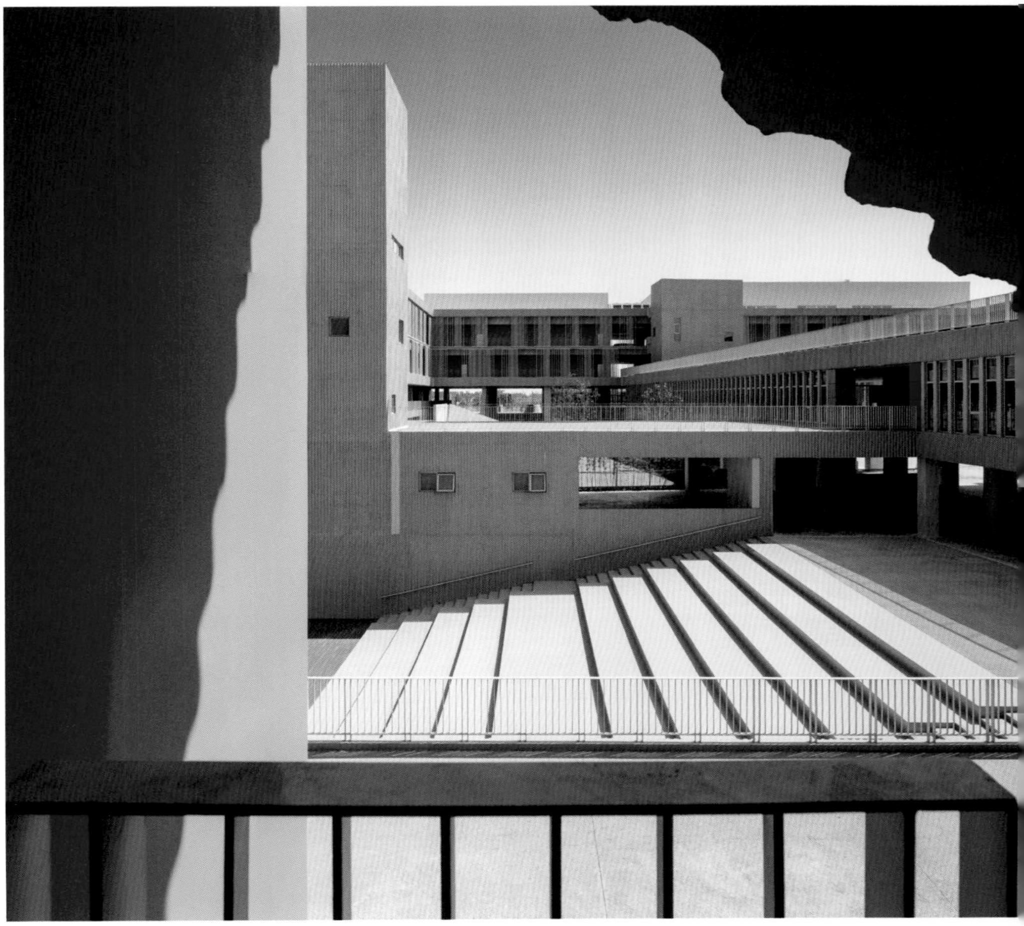

## 材料的“轻与重”

湖州安吉以“竹”闻名，我们也自然选择“竹”作为未来校园文化的主题。清水混凝土的实墙面采用了当地毛竹制作的模板，直径为10~12cm的毛竹被劈成两半，间隔3cm反向钉入胶合模板中，脱模后清晰可见的竹节纹理丰富了清水混凝土坚硬冰冷的质感，形成类似江南民居饱经岁月沧桑后的斑驳墙面。建筑三、四层外立面的竹木色格栅是对竹文化的再次回应。出于耐候性的考量，设计最终选择了竹木色的铝方通而非原竹，这种“去其形而存其意”的做法依然能很好地唤起人们对“竹”的联想。从室内往外看，仿佛被漫无边际的竹海包围，强化了建筑的内向性，同时又开合有致，在恰当位置将远处山景纳入视野；从室外来看，疏密变化的竹木色格栅与后侧不规则的墙面窗洞相互掩映，演绎了江南文化的精致、柔雅与含蓄。除此之外，竹材料还应用于桌椅家具、吊顶格栅、门套、灯具及户外景观中，使整个校园更像是一个竹文化的低调秀场，学生们在学习之余，会不经意触摸和感知到家乡的特色文化，并为之自豪。

虽然钢筋与混凝土都是冰冷的建筑材料，但建筑师必须饱含热情，我希望每一块混凝土与每一根钢筋在经过我的设计后都能够带上我的体温。

Although steel bars and concrete are cold building materials, architects must be full of passion. I hope that every piece of concrete and every piece of steel bar can carry my body heat after my design.

不是我不够随和，只是我不希望我的建筑因为迁就而失去个性，那是我送给这个社会的礼物。

It's not that I'm not accommodating; it's just that I don't want to lose my unique style because of accommodation. That's my gift to this society.

# 2019—
# 2021

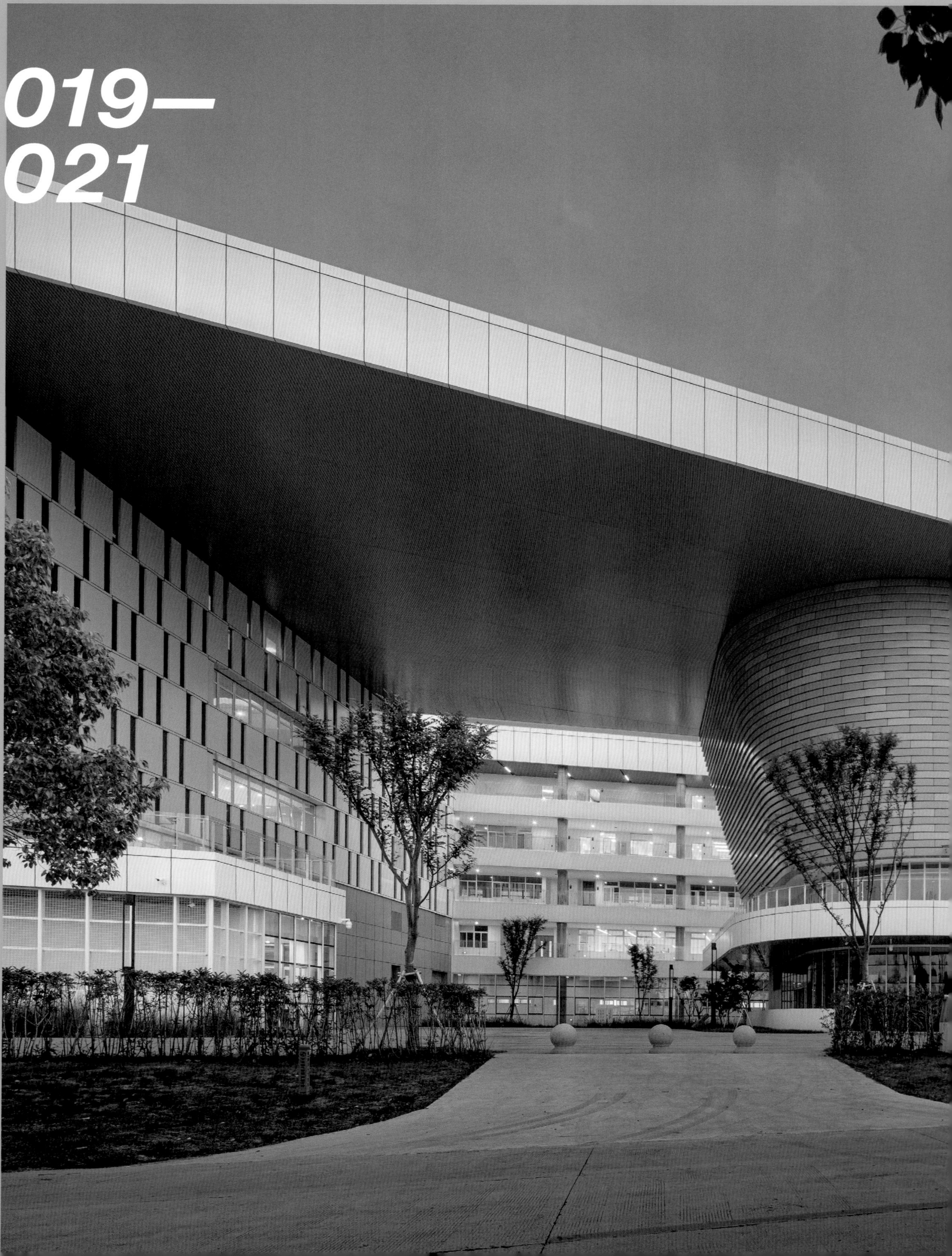

# 模糊的边界

# Blurred Boundaries

苏州大学高邮实验学校

Suzhou University Gaoyou Experimental School, Gaoyou

苏州大学高邮实验学校位于江苏省高邮市经济技术开发区，是一所包含8轨48班小学及15轨45班初中的九年义务教育学校，总建筑面积约为10万$m^2$。基于项目高容积率、高密度的用地前提下，我们把校园分为清晰的三部分，由南至北依次为：由读书廊串联的公共图书馆、中小学教学楼以及开放的公共教学区。这种多功能融合而成的教学综合体既能更容易地满足用地指标，同时又提供了层次丰富的校园公共空间。

**模糊的交互式界面**

北侧公共教学区作为校园展现给城市的第一界面，我们通过连续的大屋面将多功能餐厅、剧场、风雨操场、游泳馆等文体设施融合在一起，其完整的建筑形体在该区域形成了清晰的城市界面。同时我们试图通过一种模糊型边界空间的设计，让学校以一种开放的姿态与社会形成沟通。

北区一楼架空层的对外界面以落地安全防爆玻璃（实际围墙）为主，只在安全防护高度以上开启窗户。玻璃内部的门厅、餐厅及舞蹈教室成为接送时学生们的临时等待与缓冲空间，玻璃外部的架空区则成为家长的等候空间；架空区的教学活动和不断变换的临时陈列，也成为展示给城市的一道风景。

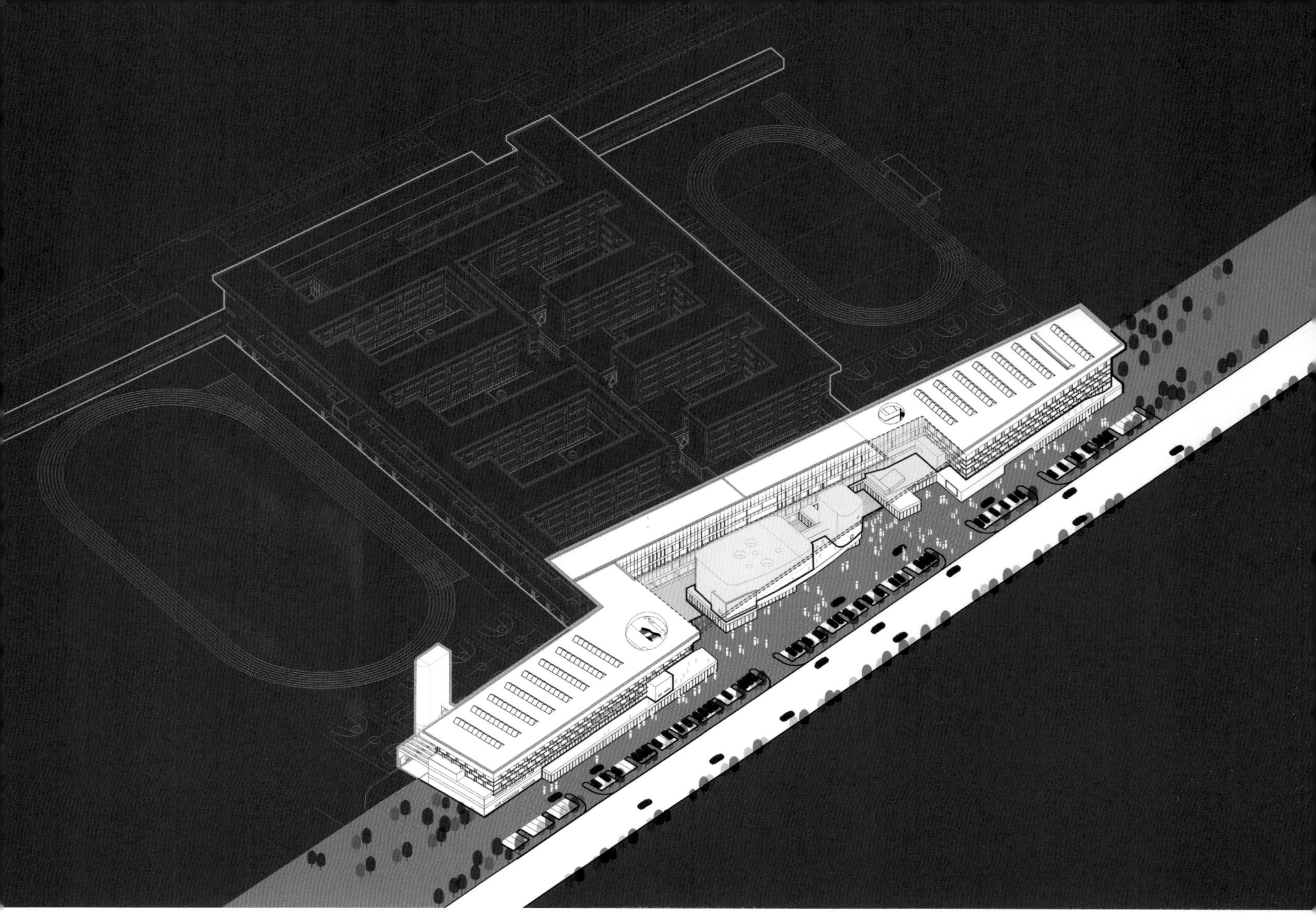

北侧交互式界面

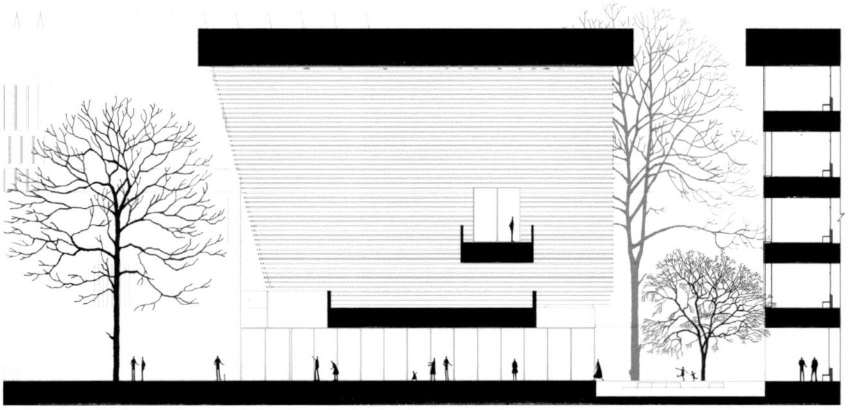

北侧入口处剖面图

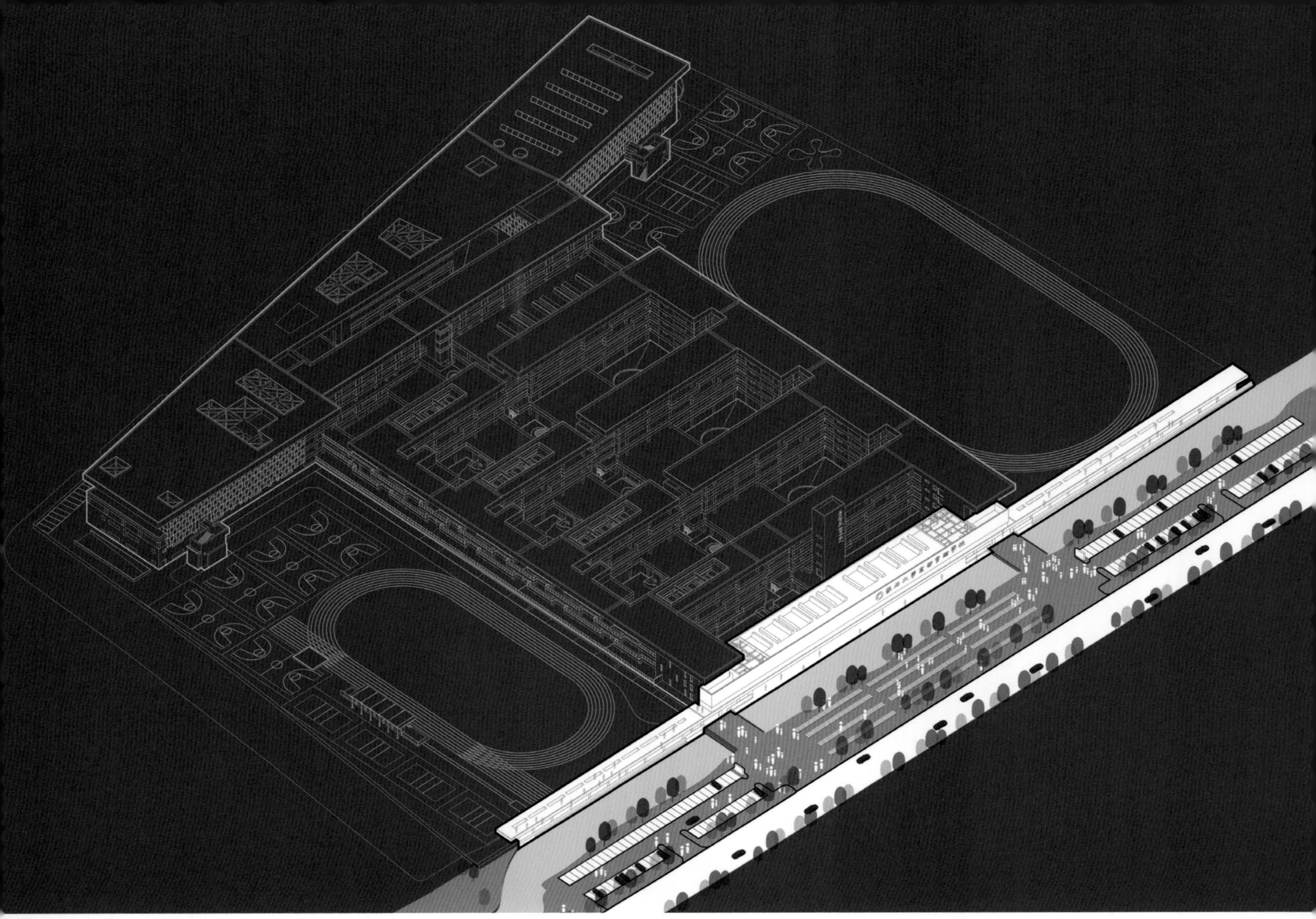

南侧交互式界面

南侧则利用河道清晰分隔校内校外，临河是阳光充足的读书长廊与图书馆。作为图书馆阅读空间外溢的读书廊，成为学生课余活动的休息廊，也是学生放学时的等待廊。长廊及图书馆的玻璃窗与外部的城市生活隔河相望。孩子们在长廊下读书学习的动态场景与建筑一起形成一道生机勃勃的城市风景。

蘇州大學高新實驗學校

**共享的文化水街**

水网体系是苏州与高邮共有的地域特色。贯穿南北的中央文化水街，在不阻碍视线通畅的同时自然清晰地分隔了小学部与初中部。水街两侧串联起的各类专用教室和公共教学用房，让中小学生在充满江南水乡建筑特征的空间氛围里彼此间看与被看，消解了物理隔离带来的陌生感。

## 空间的非功能性

校园中心位置的教学区功能构成十分清晰，普通教室整齐地南北向布置，以获得最佳的日照与通风效果，代表了功能的确定性和空间的效率。此外，我们有目的性地营造具有情景化、艺术性的、多用途的非功能空间，借此引导师生在功能空间之外更丰富的课外活动。

走廊既是日常通行空间，也是自由穿梭、驻足观望的场所，是学生与学生之间、学生与老师之间互动交流的重要空间。

阶梯教室从地面层进入，顺应阶梯向下沉，让教学区空间的高度更合理。阶梯教室有方形、U形等多种形式，可以作为录播教室、公开课教室等，适应不同教学需求，为学校开展各类教学提供更多的可能性。

图书馆首层南侧窗户边有几个围合的下沉空间，可以作为小组教学的创意教室，也可以是学生自由阅读的场所。室内通过木质大台阶连系上下，书架沿台阶侧边拾级而上，为学生提供灵活自由的阅读空间。为了增加趣味性，大台阶边设计了一个“山洞”一样的空间，洞穴般包裹的空间感给阅读带来更多的空间体验。二层以读书阅览为主，天窗下的格栅从顶棚延续至侧墙，让空间更整体，同时也让投射下来的天光更柔和。

餐厅也在空间设计上尽可能多功能化，在非就餐时间，食堂还可以是学生活动中心、阅览室、烹饪教室等，直跑楼梯下部的平台也是学生演讲的小舞台。

STRUGGLE PASSION ORGANIZE RUNNING TARGET
爱动体育
I Do SPORTS
张家港

当我认为是在帮你做设计的时候，事情其实是很简单的；但我始终认为是在为我自己做设计，于是事情就变得非常谨慎，有时甚至有些不近人情。

When I thought I was designing for you, things were actually very simple. But I always thought I was designing for myself, so things get very cautious and sometimes even a little impersonal.

当空间成为建筑师的表现对象时，其中使用的人就很容易被忽略，这样的空间是不人道的。

When space becomes the object of the architect's expression, the people who use it are easily overlooked, and such space is inhumane.

形式是建筑最重要的表现，但是，只有当形式完全消失之后，

空间才能作为生活的载体真正融入我们的日常生活之中。

Form is the most important expression of architecture, but only when form disappears completely can space truly integrate into our daily lives as a carrier of life.

我的人生大致可以分为前后两个阶段：40 岁之前，主要是在通过学习认识

这个世界；40 岁之后，主要是在通过设计寻找自己。

My life can be roughly divided into two phases before and after: before the age of 40, I was mainly in recognizing the world through learning, and after 40, I was mainly in finding myself through designing.

# 2020—2021

# 城市游廊

# City Corridor

南通市能达中学

Nengda Middle School, Nantong

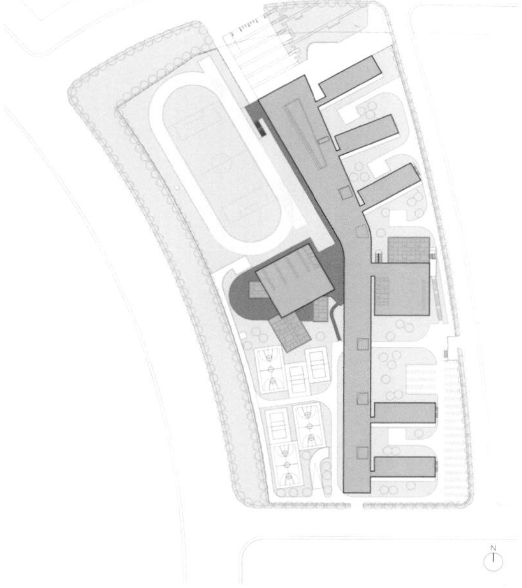

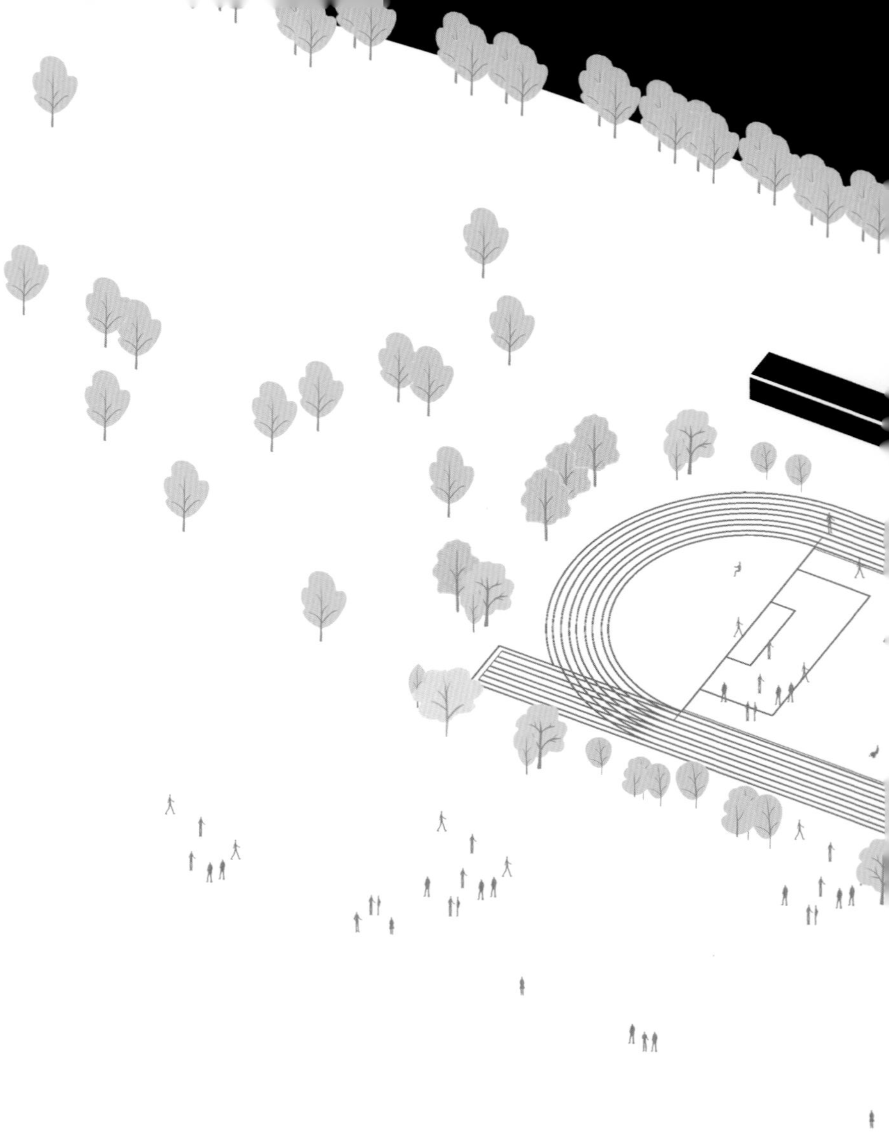

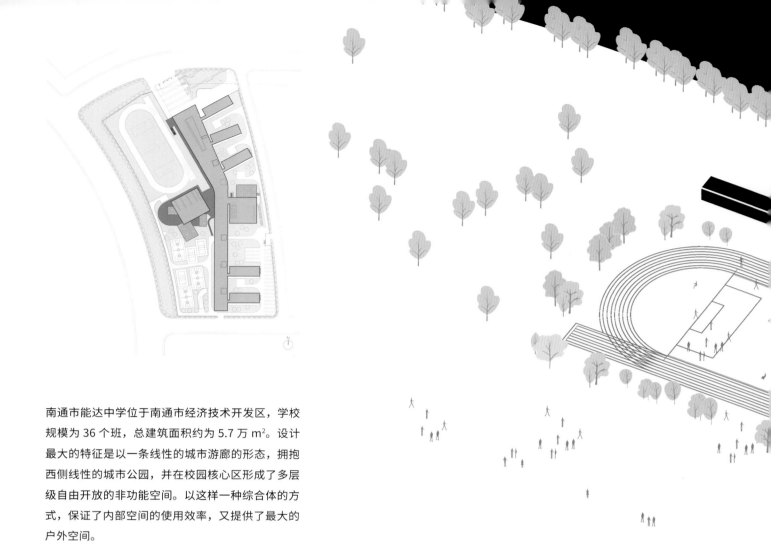

南通市能达中学位于南通市经济技术开发区，学校规模为 36 个班，总建筑面积约为 5.7 万 $m^2$。设计最大的特征是以一条线性的城市游廊的形态，拥抱西侧线性的城市公园，并在校园核心区形成了多层级自由开放的非功能空间。以这样一种综合体的方式，保证了内部空间的使用效率，又提供了最大的户外空间。

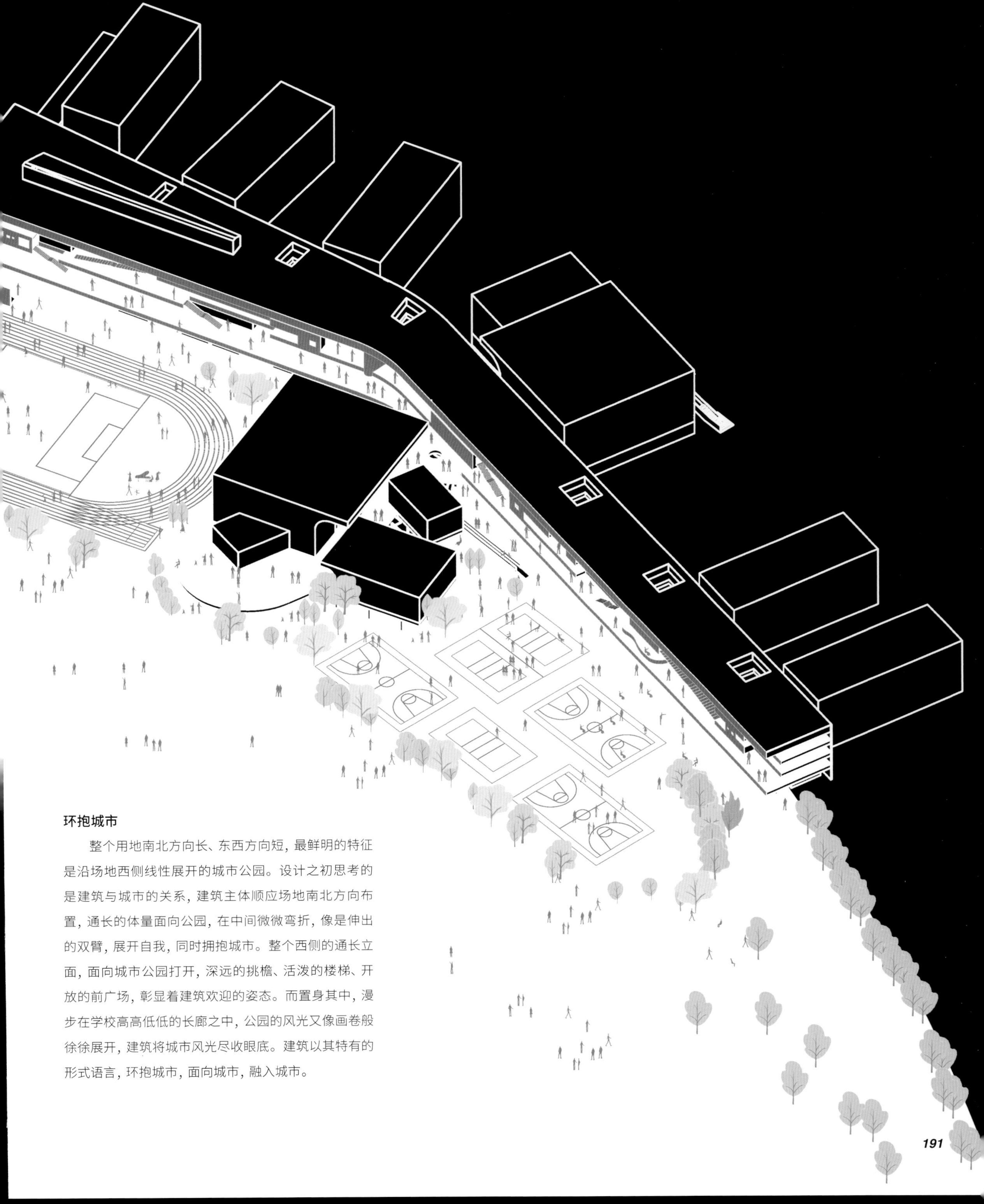

### 环抱城市

整个用地南北方向长、东西方向短，最鲜明的特征是沿场地西侧线性展开的城市公园。设计之初思考的是建筑与城市的关系，建筑主体顺应场地南北方向布置，通长的体量面向公园，在中间微微弯折，像是伸出的双臂，展开自我，同时拥抱城市。整个西侧的通长立面，面向城市公园打开，深远的挑檐、活泼的楼梯、开放的前广场，彰显着建筑欢迎的姿态。而置身其中，漫步在学校高高低低的长廊之中，公园的风光又像画卷般徐徐展开，建筑将城市风光尽收眼底。建筑以其特有的形式语言，环抱城市，面向城市，融入城市。

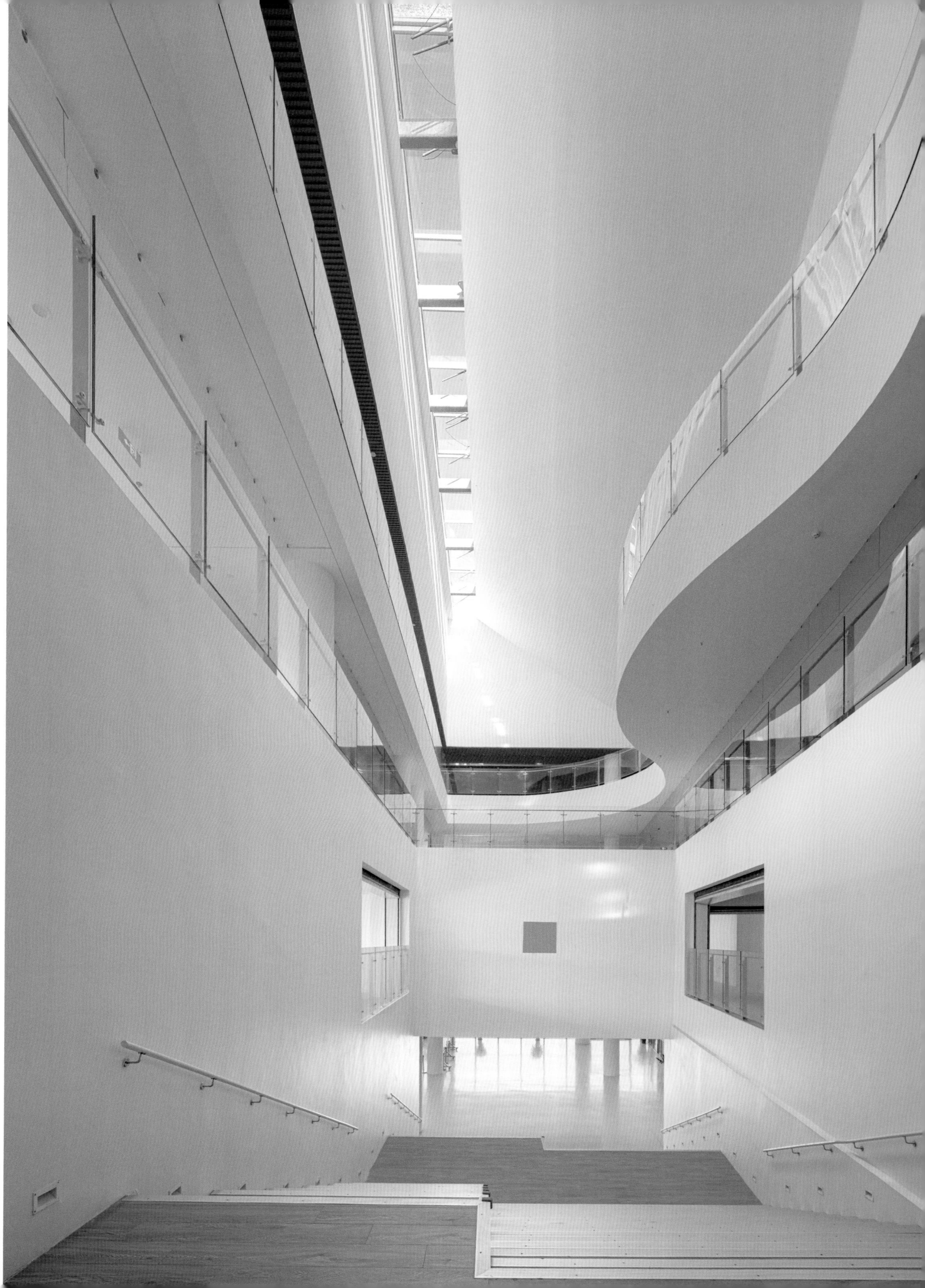

### 智慧游廊

位于校园核心区域的通长体量是一个包罗万象的智慧游廊。作为一个复合功能的综合体，容纳多层级的公共空间。第一个层级是诸如学生餐厅、专业教室、舞蹈教室、报告厅、图书馆等功能明确的素质教育的空间；第二个层级便是弥漫在整个游廊中，诸如中庭、架空层、扩大外廊、外挂楼梯、架空平台、风雨走廊等开放自由的非功能性空间。复合化的功能，多样化的空间，在智慧游廊的统领下形成了丰富而有趣的空间体验。

教学楼与通廊垂直连接，通廊内部中庭贯通上下，使得整个建筑的连接变得紧密而高效。学习不只在课堂中，有组织或无组织的课外活动散布在游廊的各个角落。空间引导行为，游廊空间的开放性与不确定性激发出学生们的自发性学习，引导他们在自由成长的过程中，不断探索的新可能。

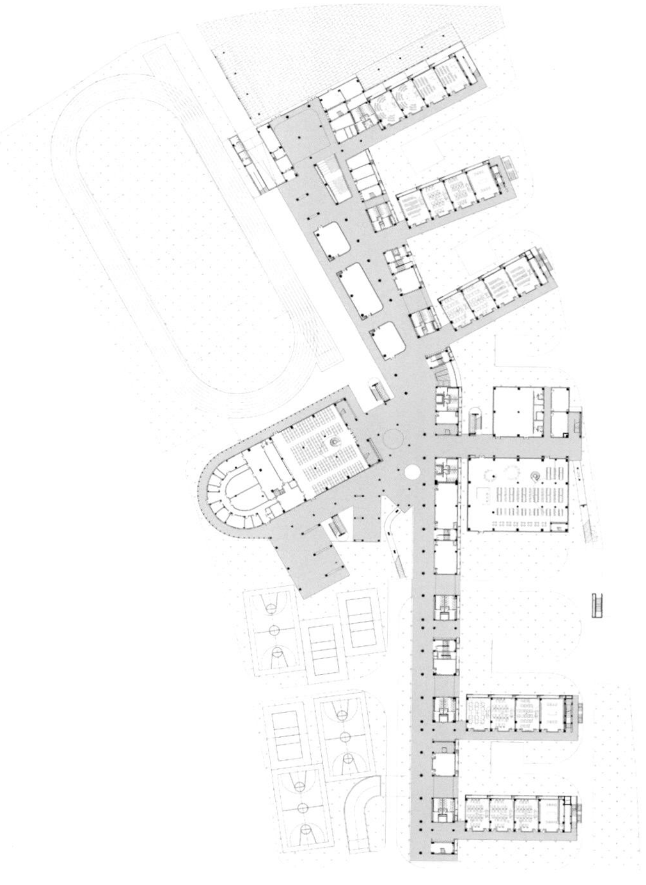

一层平面图

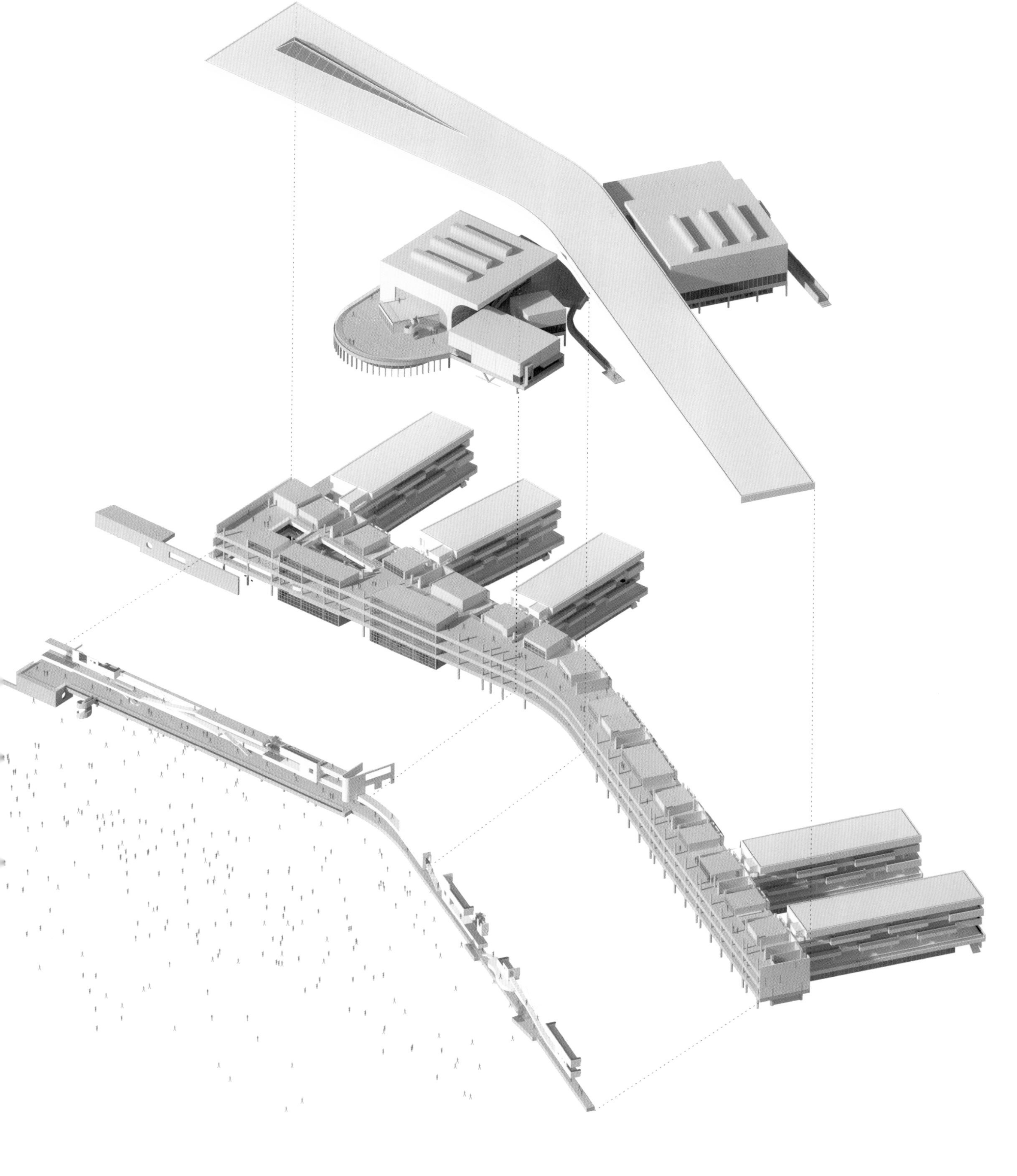

## 运动广场

沿场地西侧布置的运动公园，同样也是这所学校最重要的空间特色。对西侧运动公园景观的塑造，旨在与城市景观相衔接，以期最大限度地将城市公园引入，从而形成更大尺度的城市景观。同时，校园西侧亲切宜人、丰富多样的景观游廊，是师生们交流互动、休闲远眺的重要场所，也同时是紧邻运动广场，视线最佳的“观众看台”。

这个世界上很多没有用的东西往往才是最有价值的，就像女士手上的戒指或男士脖子上的领带。同此，建筑中最有价值的空间往往就是没有具体功能的非功能空间。

Many useless things in this world are often the most valuable, like the ring on a woman's hand or the tie around a man's neck. In the same way, the most valuable spaces in architecture are often non-functional spaces with no specific function.

得房率只能算是某个阶段性的评判指标，很多时候得房率越低的建筑空间品质越高，这就像人的生活，闲暇时间越多，生活的品质也越高。

The floor efficiency rate can only be regarded as a temporary indicator, and in many cases the lower the rate the higher the quality. This is just like people's lives. The more leisure time, the higher quality of living.

# 市政

# MUNICIPAL

# 2013—
# 2017

# 打开古运河的新生活

# Revitalizing the ancient canal

京杭运河浒墅关步行双桥

Beijing-Hangzhou Canal Xushuguan Pedestrian Double Bridge, Suzhou

在浒墅关双桥的设计过程中，古与新、行与驻始终是相伴的主题。较为基础的任务，是以新的建造手段延续浒墅关的古镇意象，更深层次的意义则在于通过新的生活空间营造来重塑滨水环境的活力。

## 因境而生

浒墅关地处苏州古城西北侧，京杭大运河穿镇而过，古镇历史悠久，镇区依托大运河成为“江南要冲地，吴中活码头”。《康熙南巡图》第七卷中生动地描绘了当时浒墅关运河段的繁华景象。新中国成立以后，古镇以“河”为中心的传统生活方式发生重大变迁，滨水区日渐衰败，甚至成为被遗弃的边缘地带。在研读《康熙南巡图》后，提炼出“河在镇中，关在河上，关镇相连，河镇相望”的古镇空间基因，并从新中国成立前的老地图中大致推测出南津桥与北津桥对联通运河两岸商业活力的重要意义。为了缝补与弥合大运河对古镇空间的割裂，设计在大运河和浒新运河的交会处架设2座融通达、观光、休闲于一体的步行桥，促进两岸活动的缝合与互动，再现“拥河发展”的城镇场景。

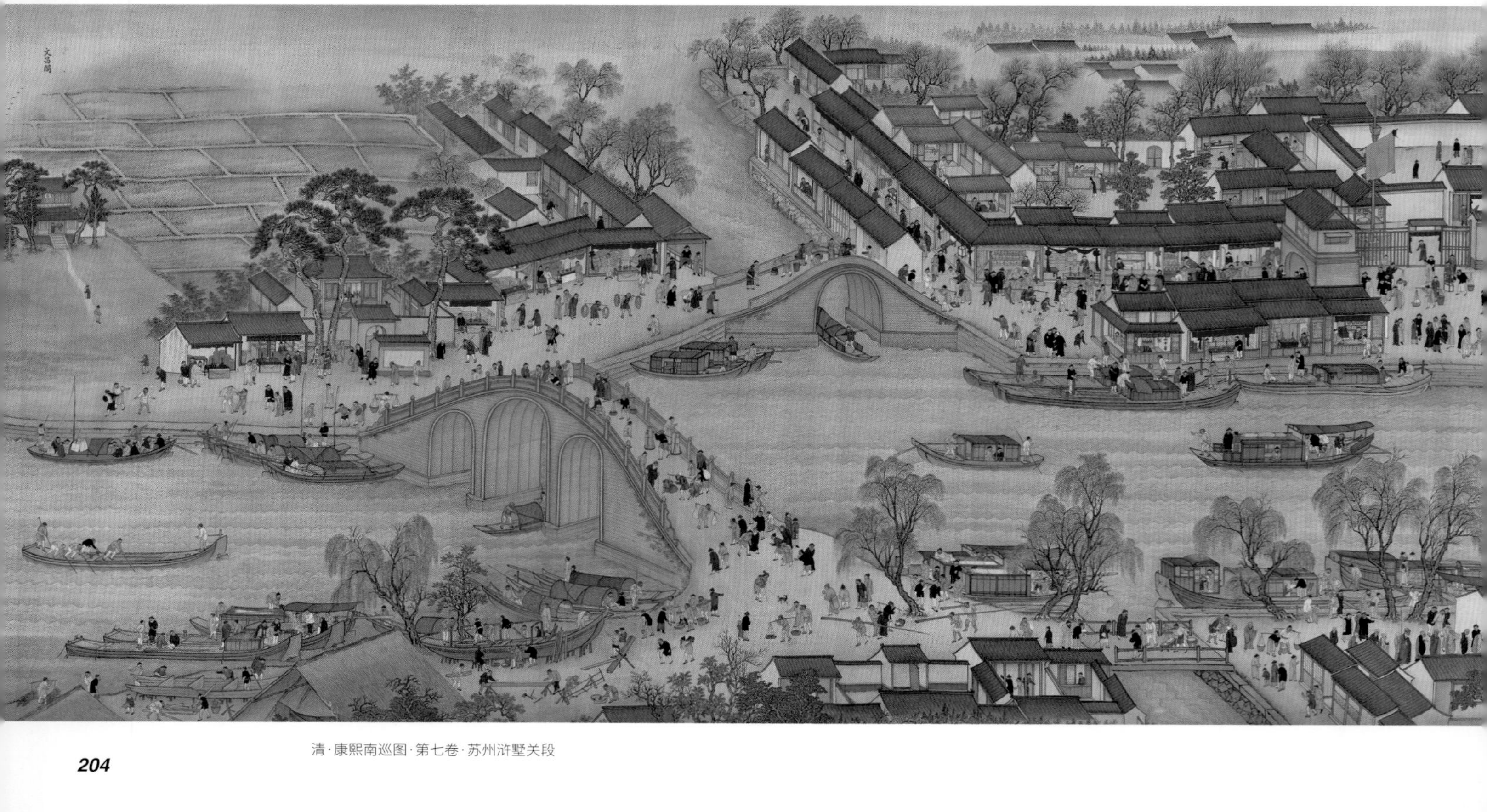

清·康熙南巡图·第七卷·苏州浒墅关段

## 因构而形

由于大运河通航宽度约100m，钢桁架的桥梁形式成为首选。从地域环境来看，将钢桁架的结构形态依据周边环境尺度进行优化，设计对桥两端的钢桁架结构进行切角处理，与周边民居的斜坡屋顶寻找关系。在对地域建筑文化的回应上，桥身内部利用桁架固有的结构特征塑造传统的桥廊空间，呈现淡雅高洁的地方文化品格。桥的外立面设计强调正三角形与菱形的几何母题，在桥中部结合观水平台的外挑，形成开合有致的观水视景，并利用金属构件的精致、柔雅与含蓄来消解钢桁架的粗犷、呆板与直白，使重塑之后的现代桥梁形态不失传统的苏州韵味。

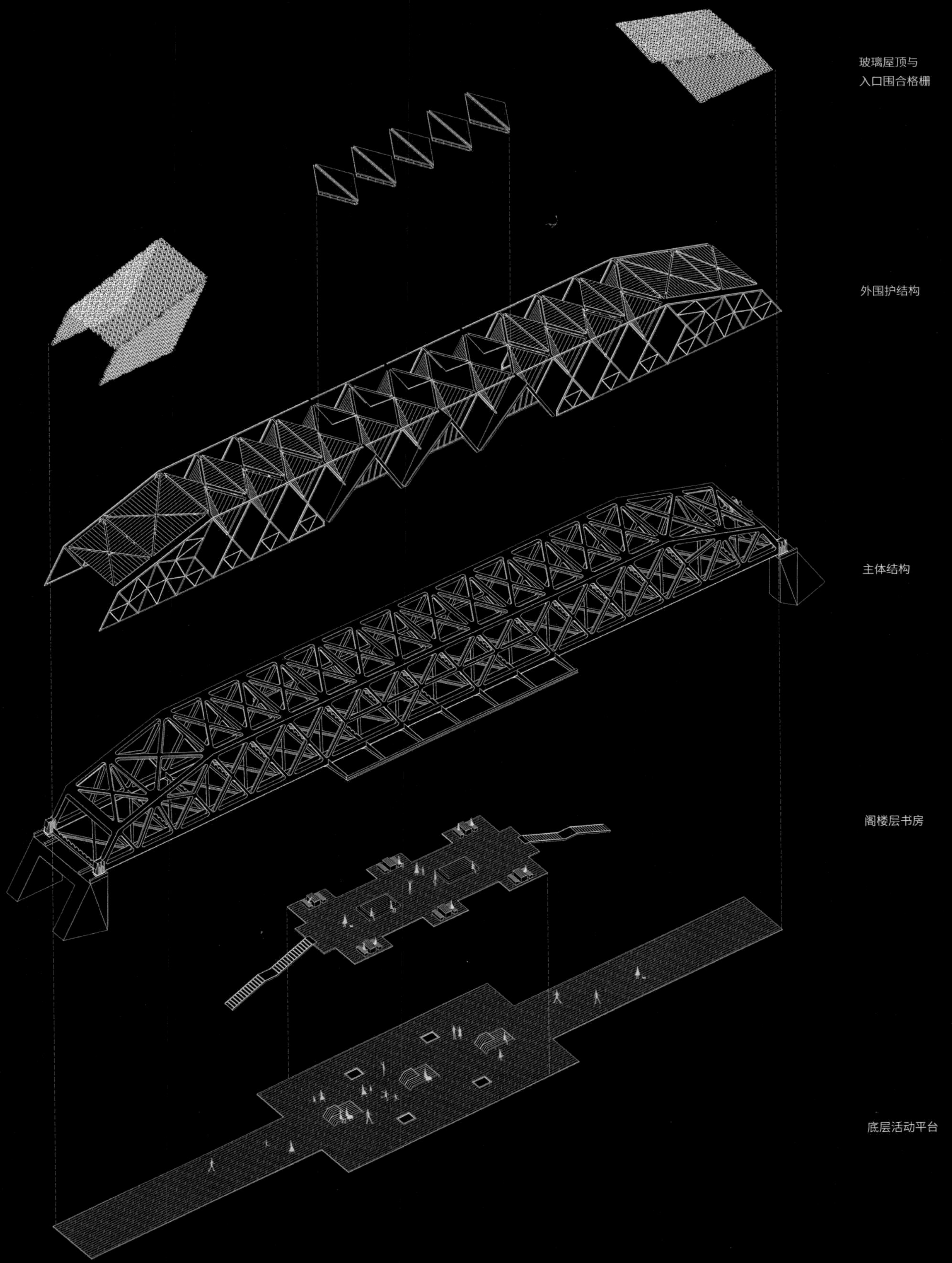
玻璃屋顶与
入口围合格栅
外围护结构
主体结构
阁楼层书房
底层活动平台

轴测分解图

### 因客而筑

廊桥能够为行人提供遮风避雨的休憩空间，创造一种浮于水上可行、可望、可居、可游的体验。在桥的空间序列组织中，借鉴苏州园林“抑—扬—抑”的空间处理手法，在有限的线性空间中强调多义感官的信息接受，让人的活动在观景视野最佳的桥中部汇合与交织。同时，利用桥身净高在中部搭建通透而轻巧的观景高阁，这里既可以观水眺景，俯瞰沿河风光，也可以闲坐阅读，临河品茗。

当行人的游走与驻留在桥上找到相适配的生活空间场景时，桥的传统意义与现代需求才能产生彼此间的共鸣。无疑，对于行为活动的关注不会随着浒墅关双桥的竣工而终止，而是随着后续项目的展开，双桥的意义即将进入新的阶段——通过立体步行空间的联系将运河的文化意义与价值浸润到周边的公共空间与建筑中去，这需要与地方的决策者、建设者、使用者以及后期的运营者一起对整个滨水区环境进行优化与重塑。

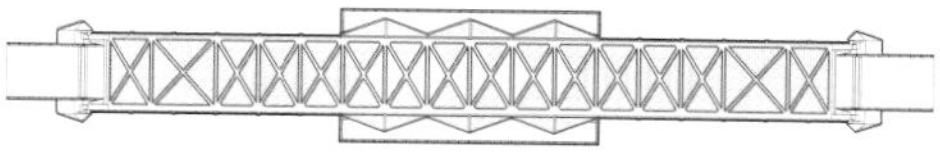

屋顶平面图

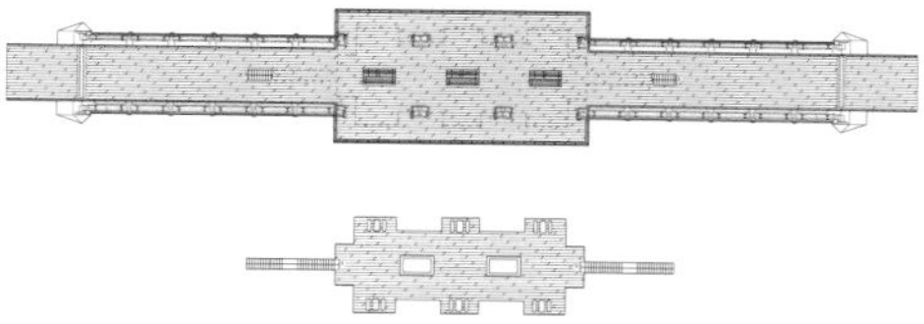

平面图

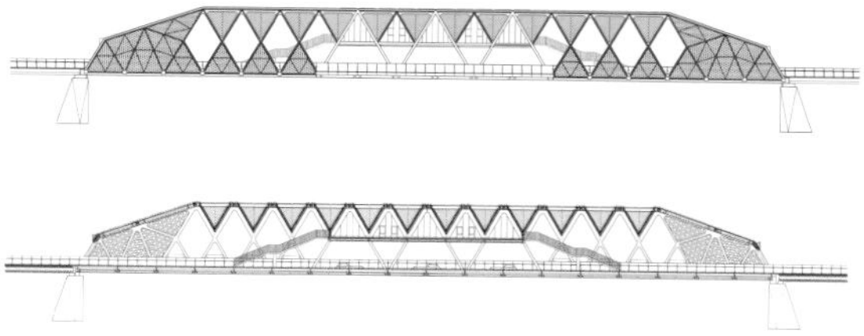

立面图

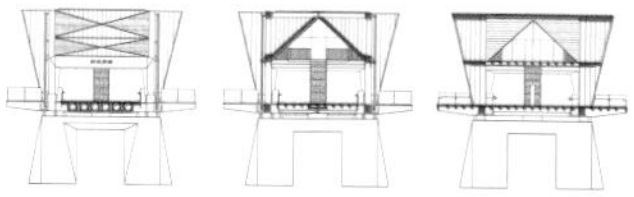

剖面图

科学发展的路径是将复杂问题简单化，但艺术创作可以是将简单问题复杂化，就像园林中的曲径或曲桥，“城曲筑诗城”。

The path of scientific development is to simplify complex problems, but artistic creation is to complicate simple problems, like the curved paths or curved bridges in Chinese classic gardens, "the city curves to build a city of poetry".

与美相比，我更喜欢个性。建筑有时可以轻松一点、幽默一点。

I prefer personality to beauty. Architecture can sometimes be less formal and more humorous.

# 2014—
# 2018

# 入口处的城市牌楼

# Archway into the City

沪宁高速苏州高新区收费站

Shanghai-Nanjing Expressway Suzhou New District Toll Station, Suzhou

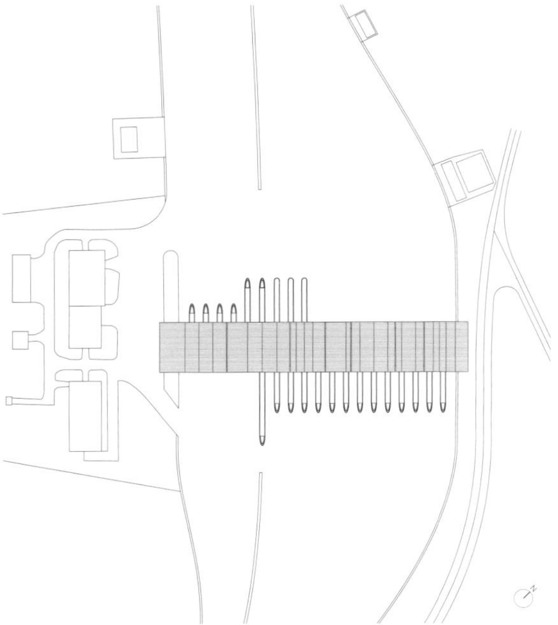

高速收费站作为构筑物，一直以来其形式都被功能和结构所主导。以致收费站的形象千城一面，通常为常见的平顶网架形式，没有任何标识性和美学可言。因而此次沪宁高速高新区收费站的重建，旨在突破固化的形式，在城市入口处打造具有苏州文化和精神的“城市牌楼”。

### 交错呼应的屋面形式

作为苏州的“城市牌楼”，其形体的灵感来自苏州代表性园林的建筑剖面。屋面设计为内外两层，分别由C型钢檩条和铝镁锰屋面板构成双屋面系统。通过不同类型的屋面高低组合，屋面相互交错呼应，形成丰富的形体。

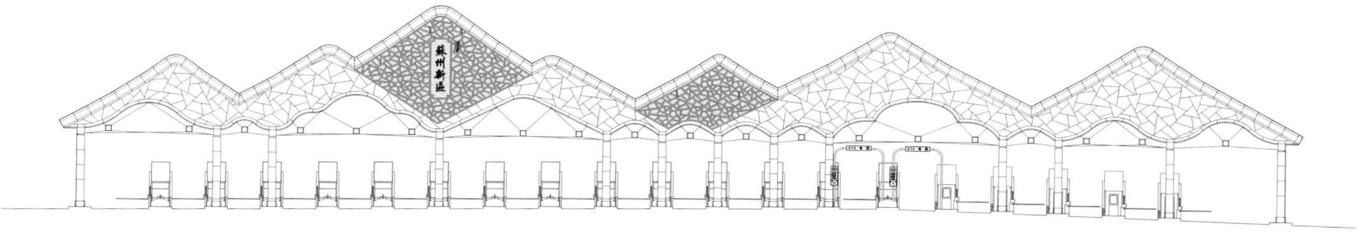

苏州园林代表性建筑剖面

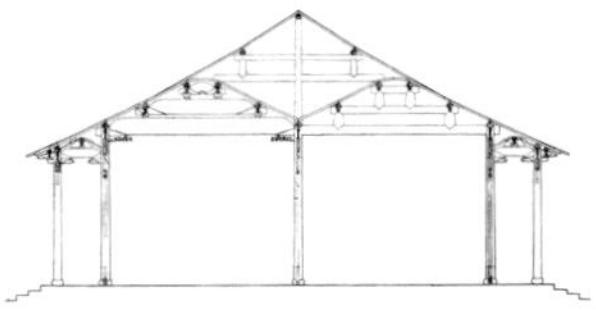

苏州留园林泉耆硕之馆

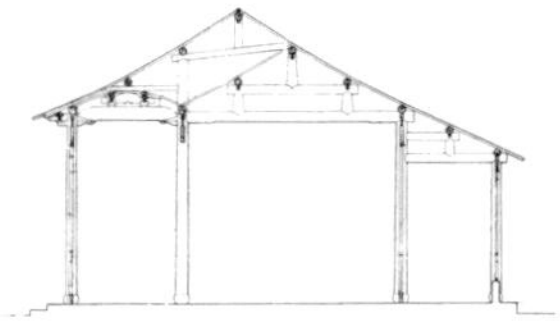

苏州怡园雪颖堂

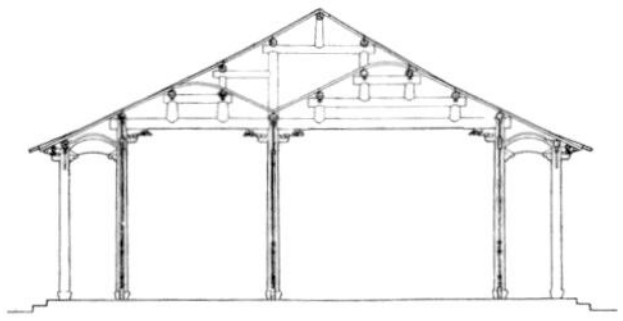

苏州怡园可自怡斋

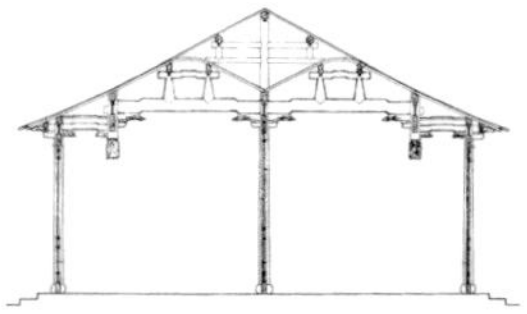

苏州木渎严家花园

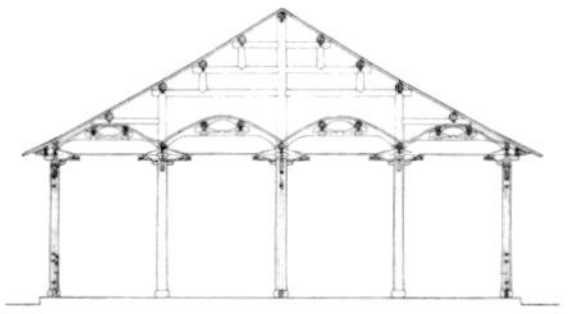

苏州拙政园三十六鸳鸯馆

## 苏州特色的立面设计

两个主立面选取苏州最具代表性的立面元素白墙和冰格纹，同时在局部做镂空冰格纹设计，丰富立面设计层次。内屋面通过木色椽子模拟轩篷形式，丰富近距离的视觉效果。立柱设计成深灰色，夜幕降临后，立柱隐于夜色，白色屋面似飘浮在空中。柱础采用整石切割，表现出稳重端庄的设计外观。

重建的高速收费站以其轻盈优雅的姿态和细节体现出精湛技艺，将苏州元素外化为具体形式，是对苏州地域文化的具体传承与转译，其精致秀美的形象正是苏州精神的体现。

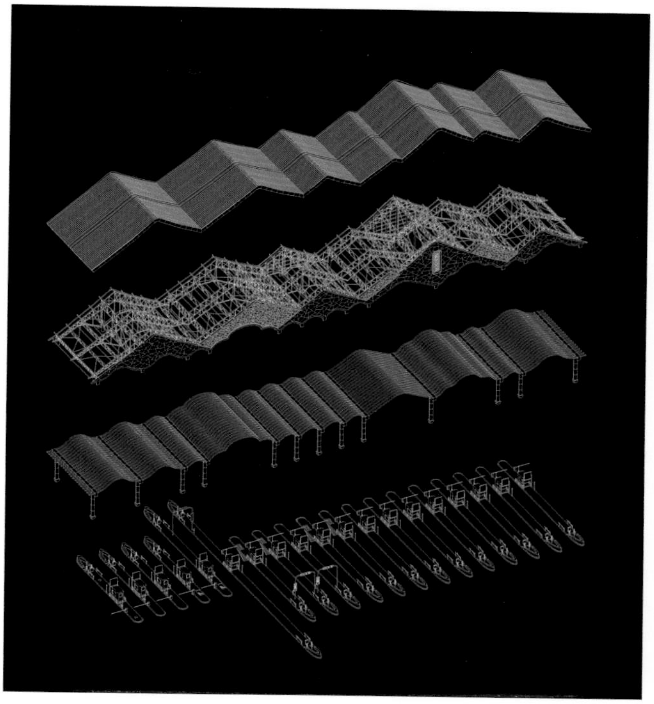

轴测分解图

严谨的空间具备仪式感，但轻松一些更接近生活。

A formal space has a sense of ritual, but a more relaxed space is closer to life.

现代主义建筑最大的败笔是屋顶设计，这实际上也给现代建筑创作留下了一个可以继续突破的机会。

Roof design is the biggest flaw of modernist architecture, and therefore becomes an opportunity for making breakthroughs.

无条件地妥协，并不代表是对业主的尊重。大多数建筑盖好后，建筑师自己不满意，业主也不满意，但这实际上是他们共同造成的结果。

Unconditional compromise does not mean the respect for the owner. Most buildings are built when neither the architects themselves nor the owners are satisfied, but this is actually a result of their joint efforts.

# 2016—2018

# 与文化交织的工业空间

# Industrial Space Intertwined with Culture

华能苏州苏福路燃机热电厂

Huaneng Combustion Cogeneration Plant, Sufu Road, Suzhou

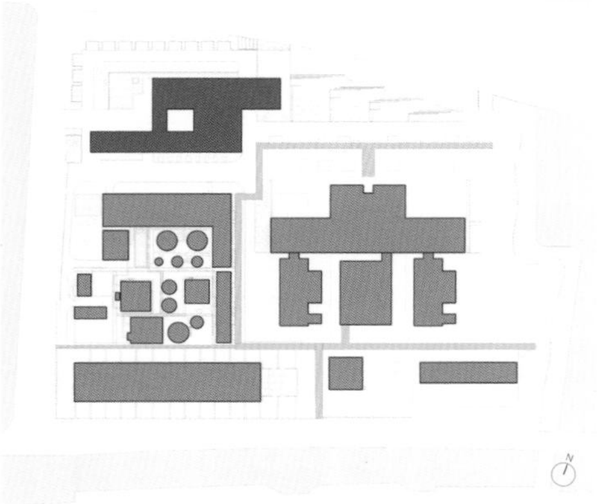

华能苏州苏福路燃机热电厂是华能集团在苏州建设的第一座燃气热电厂，位于苏州高新技术开发区，横山南侧苏福路高架旁，占地约 6hm$^2$，总建筑面积约 2.5 万 m$^2$。整体设计由江苏省电力设计院和我们共同协作完成，其中江苏省电力设计院负责总图设计、生产工艺流程设计以及具有生产工艺要求的生产厂房与设备设施的设计，我们负责厂前区（一般指工厂中的行政办公区域，位于生产区域的前端）、生产区内非生产工艺要求的建（构）筑物以及所有生产厂房与生产设施的建筑形式、立面风格的设计与配合。这次合作，意图在完成原有的生产工艺的前提下探索作为发电厂类工业建筑在文化、空间与形式上的新的可能。

### 工业建筑的公共性

首先，在文化观念上，不是回避或隐藏工业生产的流程或设备设施，而是经过合理的流线组织与布局，将日常生产与科普教育相结合，将企业文化与社会传播相结合，让生产流程与设备设施转变为工业文化与机器美学的艺术呈现，在保障安全管理与生产的同时对公众开放。

其次，在空间逻辑上，结合设备管廊和各功能空间的生产工艺与流程，设计植入了一条可对外开放的参观走廊，这条半开放式的清水混凝土走廊游离于原本的生产厂房之外（不影响原本的日常生产），又编织于既定的工艺流程与生产设备之中。原本孤立、单调的生产厂房在空间的转呈与开合中，或连接过渡，或意外呈现；

原本片段、冷漠的工艺设备（如变压器、储料罐等）在专门设计的景窗和视觉通廊中或成为对景，或成为借景；原本离散、消极的户外空间经过巧妙地连接与围合形成了大小与情趣各异的院落与庭院。这是一条与传统生产工艺完全无关的“非功能空间”，却以空间的方式创造并呈现了生产之外的文化与社会价值。

最后，在建筑形式与材料应用上，“厂前区”建筑主要功能是行政办公与生产服务，没有生产工艺的约束，建筑形式和技术要求基本与通常的民用建筑一样。建筑立面以“U”型玻璃为主，形式上以结构悬挑与底层架空，结合入口处的水面倒影与中间的院落围合，形成良好的入口空间形象。其他生产性厂房，立面材料以白色铝板为主，开有竖向窄条窗以满足局部工艺上的采光要求。不同材料同样分割的立面设计逻辑，厂前区、生产区清水混凝土材料的共同应用，加上参观走廊在空间上的积极介入，整体设计既保证了整个厂区建筑风格的统一性，也呈现了工业建筑别样的时尚性与公共性。华能苏州苏福路燃机热电厂不仅在内在的工业文化上，同时也在外在的建筑形式上探索并实践了一种工业建筑的新的可能。

全厂润滑油
储油箱净油室
全厂润滑油
储油箱污油室

尺度有时候非常奇妙，当把一幢不高的高层建筑按多层建筑的逻辑进行设计后，它就会变成一幢非常巨大的多层建筑。

Scale is sometimes very strange. When a modest high-rise building is designed according to the logic of a multi-story building, it becomes a huge multi-story building.

学习有时候也具有一定的风险！尤其是当某些观点还在最初的萌动阶段非常脆弱时，既生怕稍有不慎会立刻消失，又担心被他人强大的观点所影响而丧失了自己的独立性。因为所有好的作品都先天具有强大的吸引力，这个时候我往往都会因为恐惧而回避学习，通过排除干扰来保护那个刚刚开始萌动的想法，让它在封闭的独立思考中慢慢长成。

Learning is sometimes risky, especially when certain ideas are still very fragile in their first embryonic stages, both for fear of disappearing immediately if I'm not careful, and for fear of losing my independence by being influenced by the powerful ideas of others. Because all good work is inherently attractive, I tend to avoid learning out of fear, and protect the nascent idea by eliminating distractions and letting it grow in closed, and independent thinking.

# 2017—
# 2022

# 城与园的新构

# The New Configuration of City and Garden

苏州高新区狮山水质净化厂

Shishan Water Purification Plant, Suzhou New District

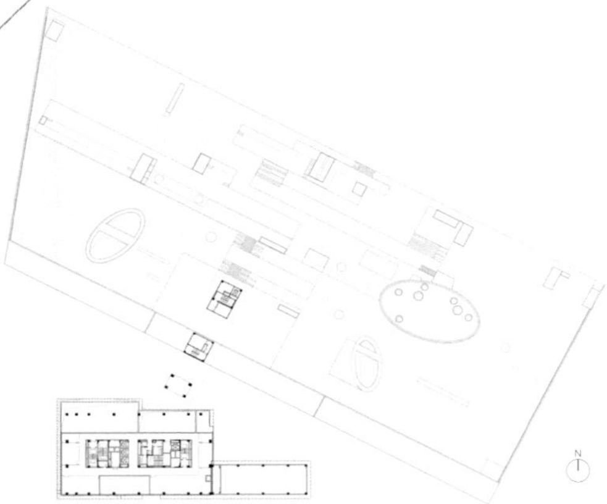

主要平面图

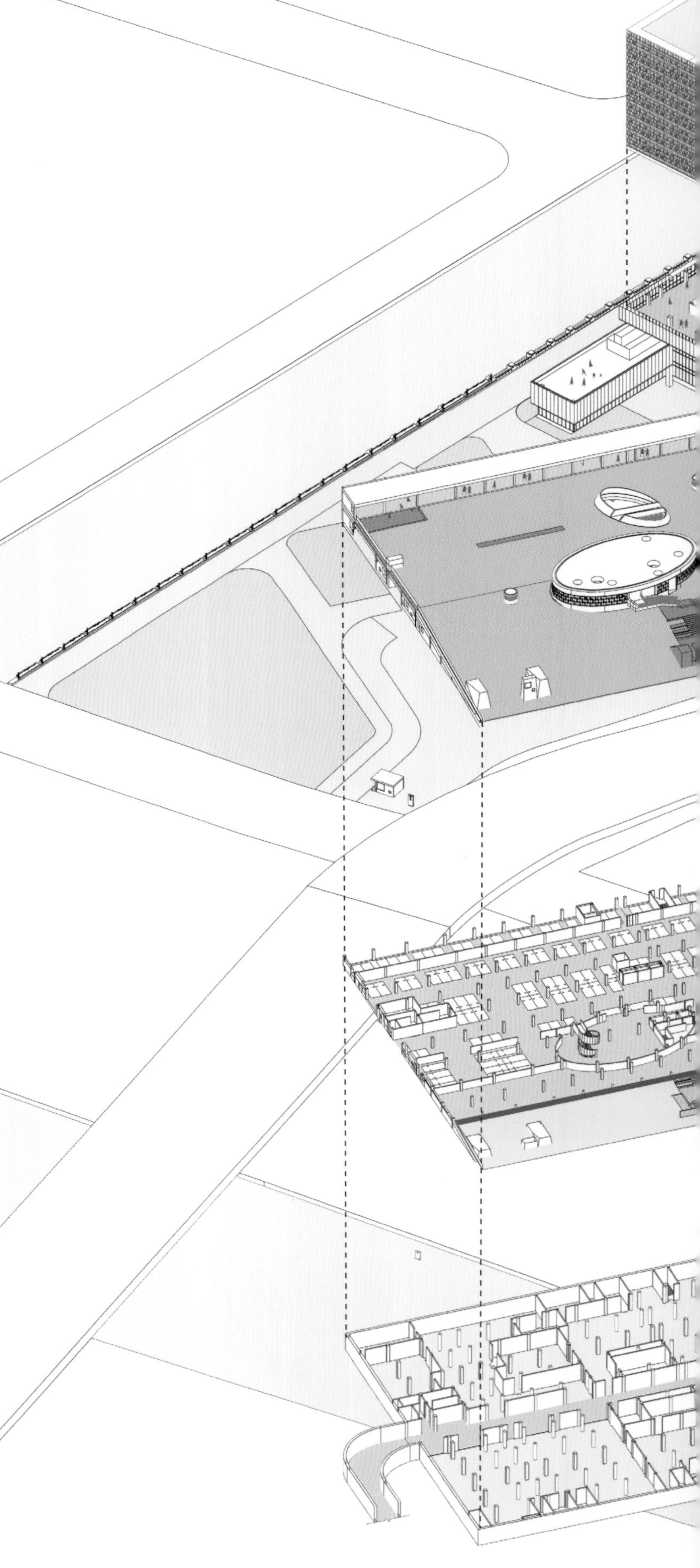

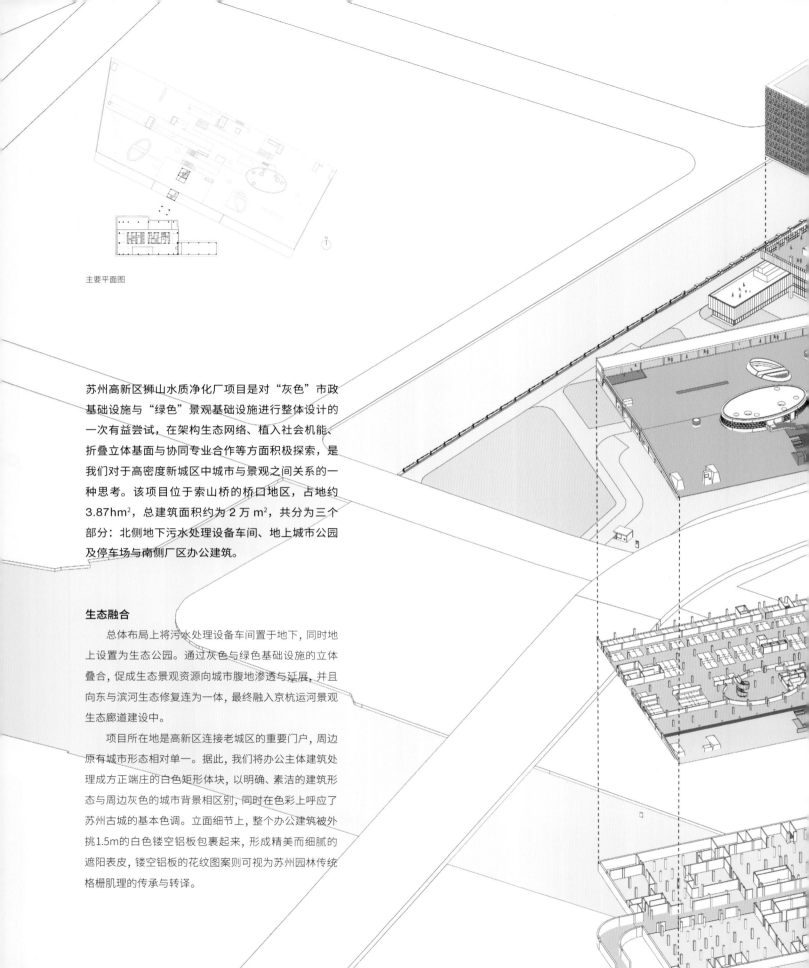

苏州高新区狮山水质净化厂项目是对“灰色”市政基础设施与“绿色”景观基础设施进行整体设计的一次有益尝试，在架构生态网络、植入社会机能、折叠立体基面与协同专业合作等方面积极探索，是我们对于高密度新城区中城市与景观之间关系的一种思考。该项目位于索山桥的桥口地区，占地约 3.87$hm^2$，总建筑面积约为 2 万 $m^2$，共分为三个部分：北侧地下污水处理设备车间、地上城市公园及停车场与南侧厂区办公建筑。

## 生态融合

总体布局上将污水处理设备车间置于地下，同时地上设置为生态公园。通过灰色与绿色基础设施的立体叠合，促成生态景观资源向城市腹地渗透与延展，并且向东与滨河生态修复连为一体，最终融入京杭运河景观生态廊道建设中。

项目所在地是高新区连接老城区的重要门户，周边原有城市形态相对单一。据此，我们将办公主体建筑处理成方正端庄的白色矩形体块，以明确、素洁的建筑形态与周边灰色的城市背景相区别，同时在色彩上呼应了苏州古城的基本色调。立面细节上，整个办公建筑被外挑1.5m的白色镂空铝板包裹起来，形成精美而细腻的遮阳表皮，镂空铝板的花纹图案则可视为苏州园林传统格栅肌理的传承与转译。

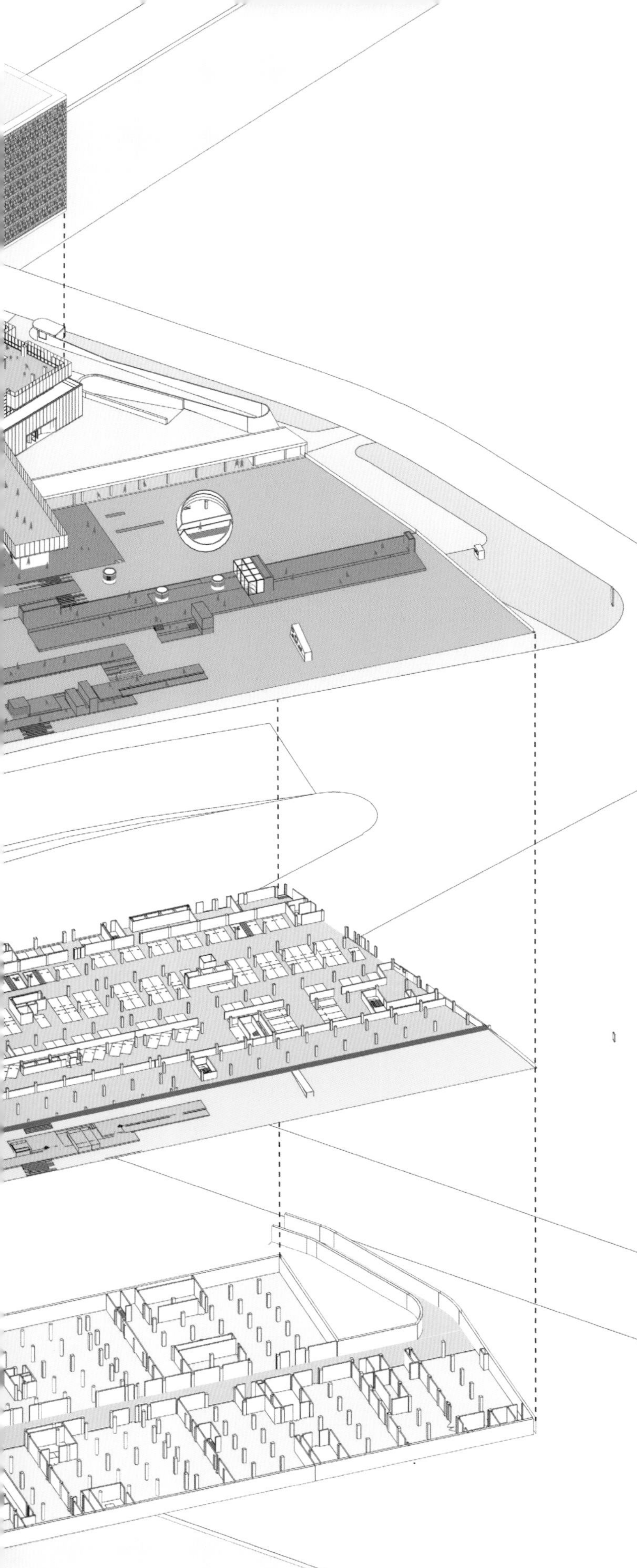

分层轴测图

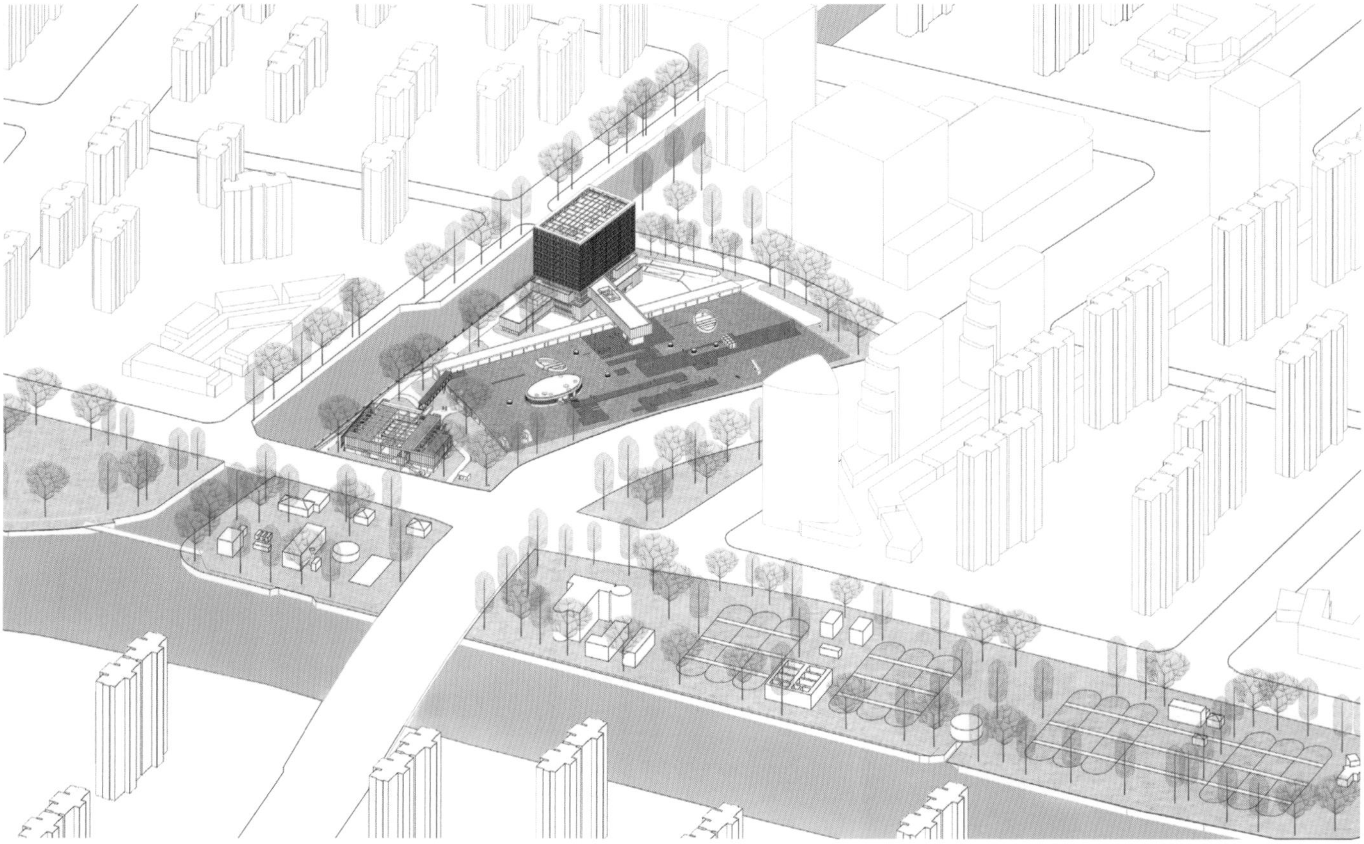

### 文化赋能

项目充分利用京杭运河景观带的水绿环境资源，在北侧坡地公园上设置了展示污水净化技术与环保理念的系列科普教育展示廊，让基础设施成为城市公共体验和科普教育的基地，由此将日常性的公共生活和必须性的公共设施整合在一起。

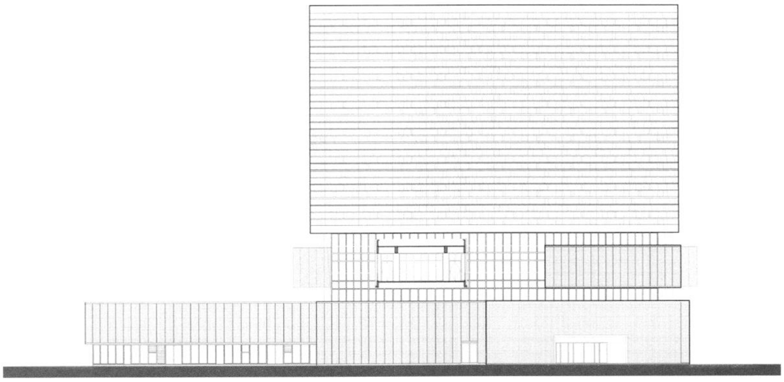

### 立体折叠

坡地公园面向着北侧索山桥的车道引桥进行地形上的起坡与折叠，不同标高上的长条形木质平台、台阶与坐凳平行铺设，其间是逐级升高的带状绿化，让原本平缓的坡地变得更有厚度和立体感。沿着坡向上，最高处设置的是以环保为主题的文化展示长廊，贯穿整个场地，形成一种连续性、水平向伸展的人工地景肌理。坡地下方的空间为城市公共停车场。

在办公综合楼的4 层高度上，斜向伸出一个轻盈而简洁的观景栈桥搁置在公园上方，并与绿坡顶部的环保主题展廊立体交错而形成十字形的空间布局。在空间与形体的组合中，巧妙地安排了2 条参观流线，为公共参观提供了清晰明确的空间载体。

通过环保主题长廊的引导，向东穿越深度处理车间，直抵运河滨水景观带，由此构建办公综合楼与绿坡公园、地下水厂及运河滨水景观带之间的水平活动链接，促成一系列丰富多彩的“事件”在公园中上演，实现水、园、城与事件相互交融的“折叠风景”。

高层建筑底部的裙房设计也顺应了地形折叠的逻辑，将封闭而集中的边界打散，依据三角形的场地裂变出高低错落的矩形体块，室内外空间的界限因此而变得模糊。

坡地公园中部有一个顶部开设大小圆洞的半室外中庭空间，成为联系绿坡与下部停车场之间垂直方向上的空间媒介。一个圆弧形旋转楼梯悬挂于中庭内，成为空间场所、城市事件和人之间发生互动关联的磁力场。

边界是用来限定的，边界也是可以被打破的，建筑设计有时候就是在不断界定边界的同时又打破边界。

Boundaries are meant to be defined, and boundaries can be broken. Architectural design is sometimes about constantly defining boundaries and redefining them at the same time.

不好的设计也有很好的教育意义，它至少教会了我在今后的设计中不应该去犯的错误。

Bad design also has a very good educational significance. It at least taught me the mistakes I should not make in future designs.

天空是轻盈的，而大地无比沉重！偶尔会在天空飞翔，但一开始思考我就回到了地上。

The sky is light and the earth is incredibly heavy! Occasionally I fly in the sky, but as soon as I start thinking I'm back on the ground.

# 其他

# OTHERS

# 2011—2014

# 暮年

# Colorful Twilight

苏州高新区阳山敬老院

Yangshan Nursing Home, Suzhou New District

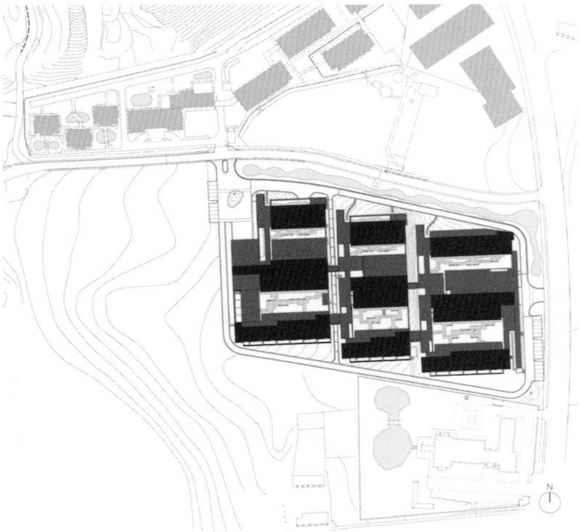

阳山敬老院是一次哲学份子对日常的真诚解读，对此的设计并不是从建筑手法入手，而是对于“敬老院”这一建筑类型的思考。老年人与青年人不同，他们并不是逃离烦琐生活的一群人，他们需要的不是对着一片水、一片森林发呆，他们需要交往，需要日常生活。从身为人子的切身体验出发，期待他们能够有尊严地过以往的日子，生活在一个散发着记忆的日常场所。项目位于苏州高新区大阳山国家森林公园阳山东麓，总建筑面积约为 3 万 m$^2$。

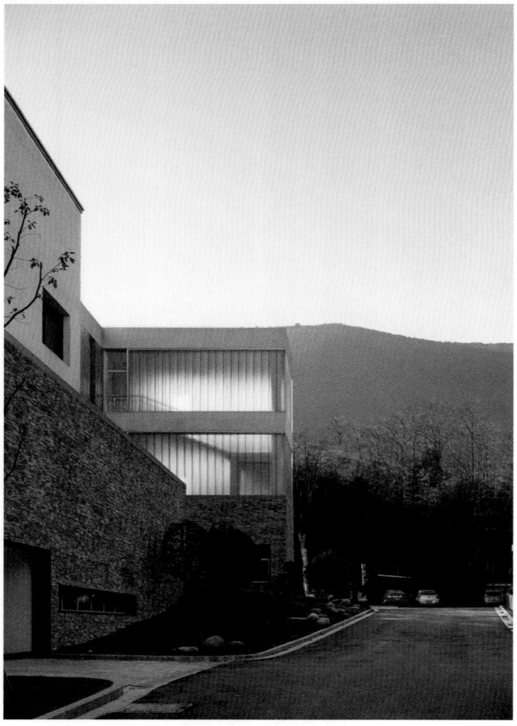

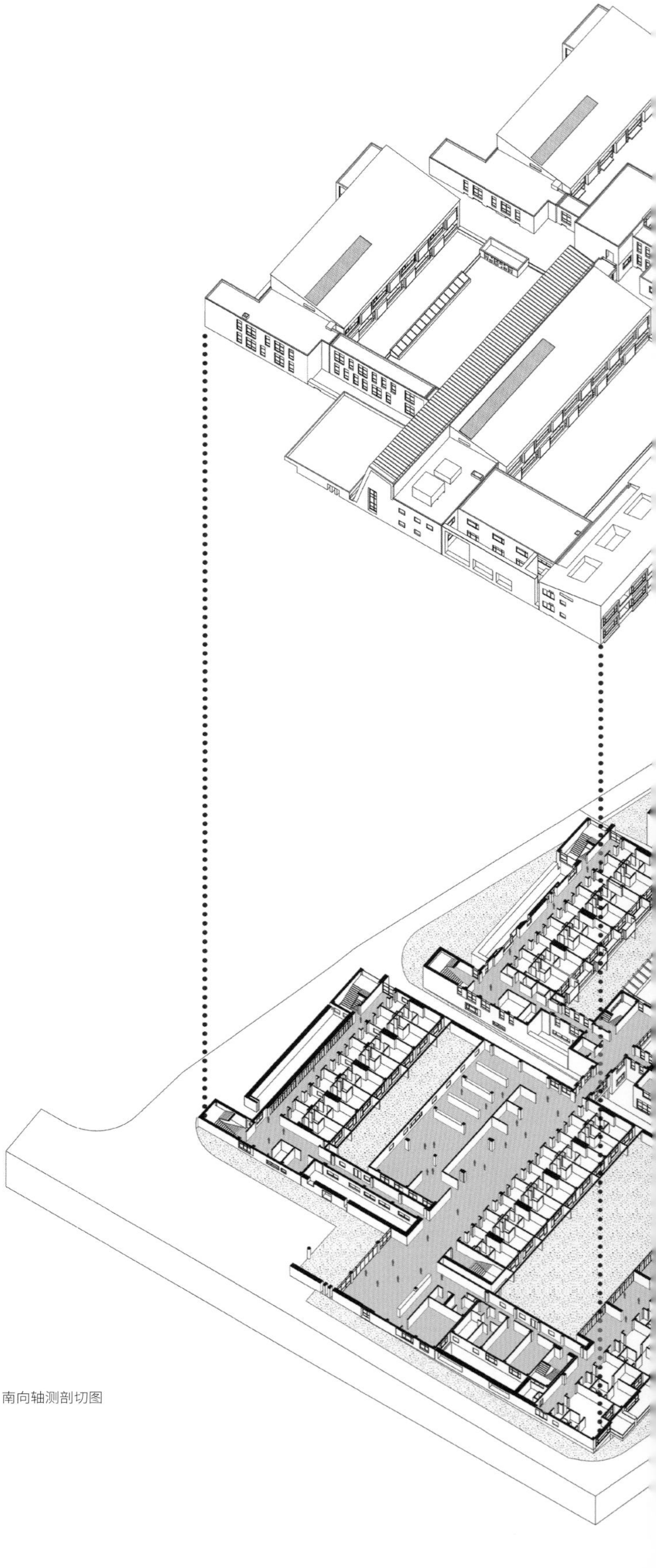

南向轴测剖切图

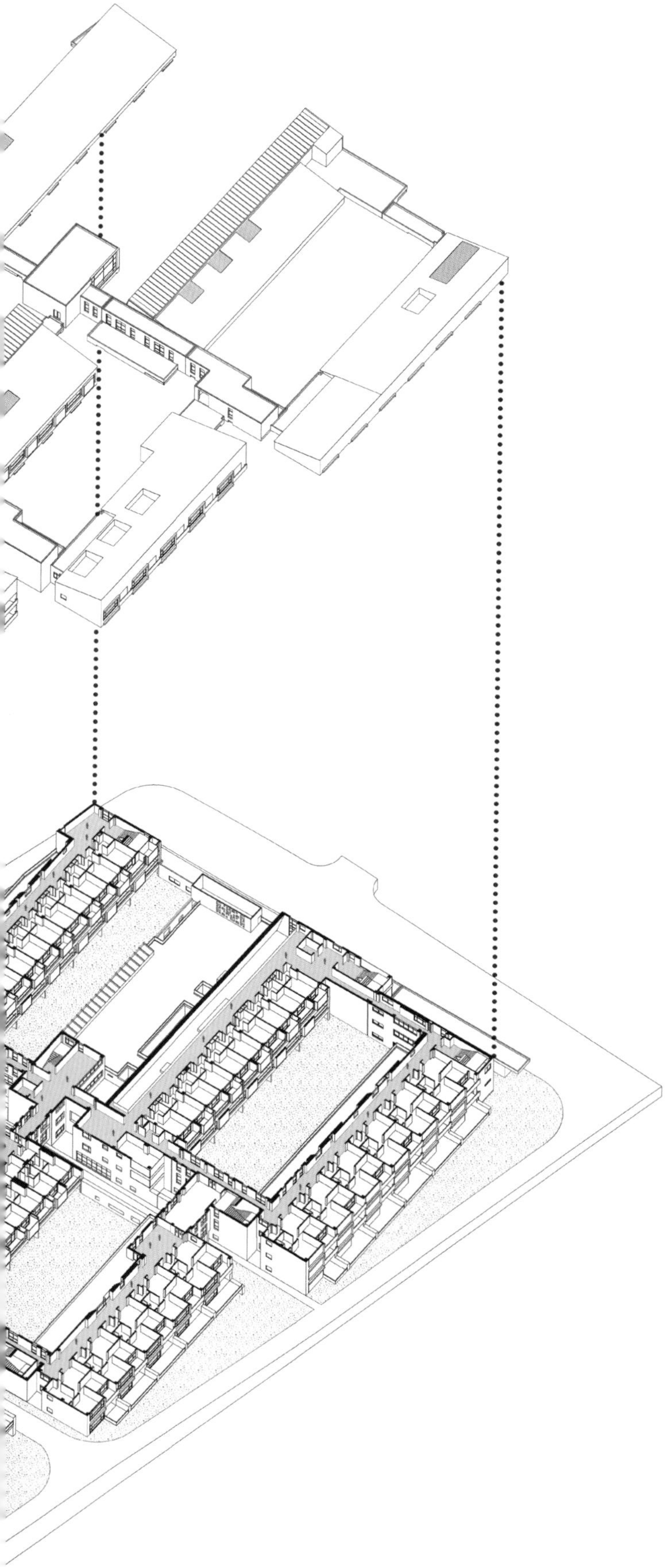

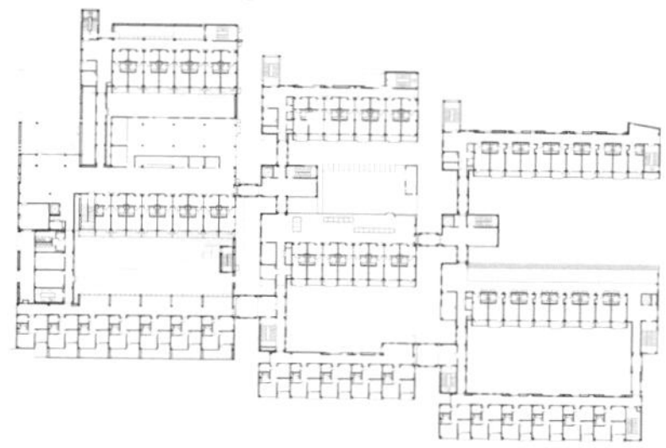

C区一层 B区二层 A区三层平面图

## “街”“巷”空间

基地南、北、西侧都有非常好的森林植被，地形特点西高东低，平均高差约8m。建筑设计顺应地形，三组院落垂直于高差方向作退台布置，二次退台后正好能保证楼层间高度上的平接。三组院落通过加宽的走道和放大的交通节点连成有机的整体，各处的街巷、庭院和平台分布在居住单元的周围，为附近居住的老年人就近提供交往休闲的场地。

其中刻意进行加宽，放大的交通空间形成了6条不同方向的“街”“巷”空间。位于中间的东西向公共空间在尺度与形式上都进行了特别处理，是6条街巷中的“主街”，街道之间相互交错，形成网状街巷系统。室外庭院则通过居住单元和公共交通空间进行围合，形成一个整体上“封闭式”的开放系统。建筑整体上是向内围合封闭的，但内部又是很多开放的院落。重要的是建筑外围取消了围墙，为老年人提供了亲近自然的活动场地，同时也便于护理人员对老年人的实时观察和照顾。

阳山敬老院中精心设计的“街”“巷”空间引导老年人走出居住单元，参与活动、与人交流，从而消减传统敬老院带来的孤独的心理感受。街巷空间整合了餐厅、邮局、银行、培训等功能，将城市中的街道微缩到建筑中，居住在单元里的老年人开门后就可以走向公共街道。这样屋前庭院屋后街的布置，如同“水街”“旱街”交错的苏州古镇，将老年人置入当下的生活环境中去，将城市生活植入建筑中。

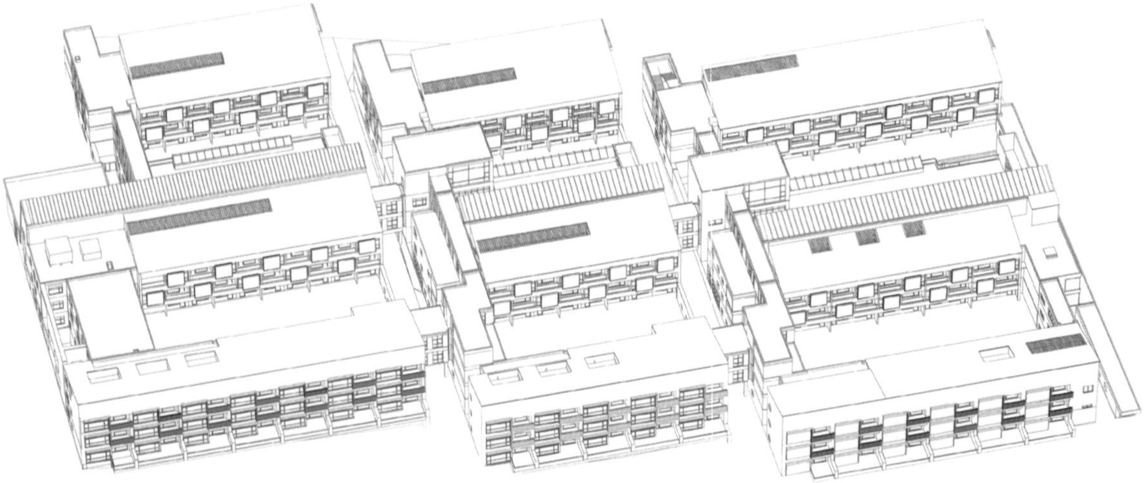

南向轴测图 - 立面色彩系统

### 拽进阳光

从清晨的微光，到晌午的灿烂，再到夕阳的温暖，阳光载着温度与幸福感，浸透着整个敬老院。朝南的居室无疑充满了阳光，但北向的中庭则是把阳光拽进来的。

为此，北向公共区作为“室内主街”被拔起升高，在屋顶上开启了大面积的天窗，如同一只大手将阳光拽了下来，将光线一层层引入室内，并在整个中庭空间四散开来。温暖的空气及明亮的氛围赋予人们高品质的空间感知。同时，为了彰显阳光的温暖，运用了杉木板作为内装材料。光线从坡屋顶的天窗投射到室内，又经过位于二层的条形天窗渗透到底层大厅。条形天窗被木质材料包覆，围绕其组织的一体化空间，也可兼作休憩之用。

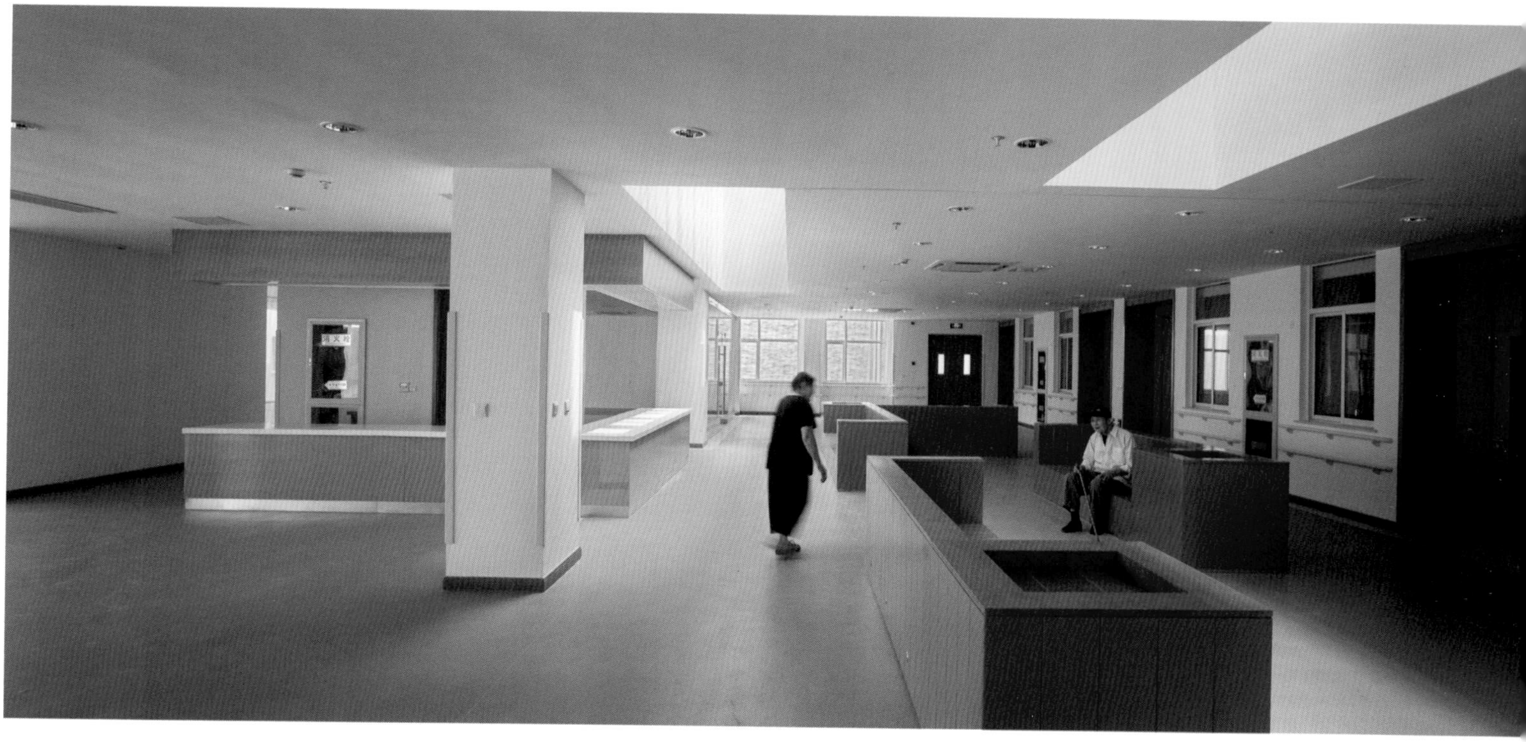

**混搭材料**

建筑的基本风格是以黑瓦白墙为主，呈现着江南建筑特有的传统气质，但在局部的细节与构件上进行色彩的跳跃与点缀，沉稳中有活泼，暮年时还俏皮，洋溢着一种晚年时的“青春”色彩。建筑外墙加进了毛石、杉木板等自然材料，取得与周边自然环境的呼应；U型玻璃在楼梯间的运用，让建筑表情亲切、丰富的，让光线柔和；室内大量使用木质材料，传递出建筑的温暖情怀。材料的多元带来了丰富的视觉感受，各种材质和色彩糅在一座建筑中，呈现出杂糅的日常生活状态。通过不同材质混搭和色彩变化，赋予空间活力，让房子充满“老年童心”。

我喜欢一切随机的意外大于那些预先精心的安排。

I like all random accidents more than those that are carefully prearranged.

我经常会将个人的经验带入作品之中，建筑设计同时也是我与他人分享生活的一种路径。

I often bring personal experience into my works, and architectural design is also a path for me to share my life with others.

我很少因为设计去做问卷调查，与努力去捕捉他人的共性相比，我更相信发自内心的感悟。同时，我也相信人与人之间还存在着另一个通道，那就是以个性寻找个性，以个性呼唤个性。

I seldom do questionnaire surveys for my design. Compared with trying to capture the commonalities of others, I believe in insights from my inner heart. I also believe that there is another channel between people, that is, looking for individuality through individuality, and calling for individuality through individuality.

# 2013—2016

# 回到城市空间之中

# Back to Urban Space

苏州相城徐图港“桥·屋”

Xiangcheng Xutugang "Bridge-House", Suzhou

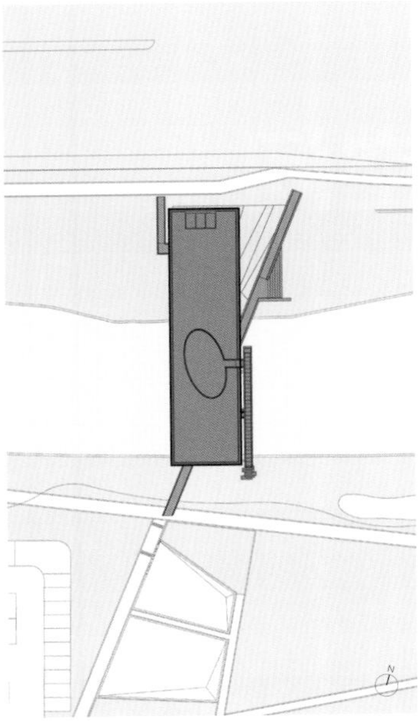

苏州多水，也多桥。因此，桥也是苏州城市重要的功能组成与典型的空间特征。“绿浪东西南北水，红栏三百九十桥”，唐代诗人白居易的诗正是对这种典型的城市空间特征的形象描述。随着现代工业化发展中汽车的诞生，陆路上的汽车交通逐渐取代了传统的水上船行交通，成为今天城市的主要交通工具，昔日凌空于水面之上的造型各异的桥梁被普通的市政平桥所代替。和独立于河道之上的拱桥相比，平桥直接融入作为背景的城市道路系统之中，消失于城市空间特色之外。“桥屋”是想通过建筑设计，在完成某些现代功能的基础上，让“桥”在新的历史背景下重新回归城市空间中的新的可能。项目位于苏州市相城区华元路以南、相城大道以西、徐图港以南，总建筑面积约为1728m$^2$。

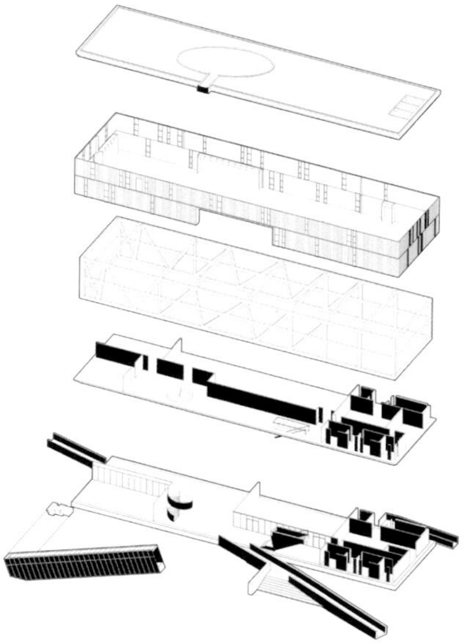

轴测分解图

## 廊桥的另一种演绎

“桥屋”首先还是桥，并负责在空间与行为上将两岸连接在一起。“桥屋”同时还是屋，这和过去单一通行功能的桥不一样，或者说有点像某些地区的廊桥。这是一个以“屋”为前提的桥，这个前提至少有三个方面的理由：一是因为正好在医院门前，这个位置对某些特定的小功能（如鲜花店、咖啡店，或者某些前提类似的空间）有必要的召唤；二是河面跨度有三十多米，在水中立柱子肯定不是合适的选择，那么向上两层的建筑高度就同时提供了足够的结构高度，两层高的空间桁架在满足结构合理性的同时又成为建筑空间的形式表达，这不仅是巧合，而是对传统拱桥内在智慧的致敬！传统拱桥就是合理的结构受力在形式上的完美呈现；三是功能在尺度上扩大的桥的空间体量，这个体量是形式的重要前提。

## 公共性的重新塑造

“屋”是需要围合管理的商业空间，而“桥”是全时段开放的公共空间，设计并没有简单地将两者清晰地区分开来，而是有意将两种空间相互并置并彼此穿插，完成穿越的体验与商业行为相互支撑。东侧的直跑楼梯还可以到达二层再上部的屋顶平台，可进一步登高望远。

钢结构的桁架让两层的建筑依然轻盈，轻轻地搁在徐图港两岸之间，透光而不透明的“U”型玻璃在保持了建筑轻盈性的同时又保证了建筑体型的完整性，完整的体型在水面上形成完整的倒影，倒影同样是建筑的重要组成部分，于安安静静中完成水乡城市空间的完整构成。桥屋不仅在形式上重新回到现代水乡城市景观之中，还在功能上进一步提升了城市公共空间的公共性。当年在桥顶看两岸街景，今日在屋顶看两岸街景。

人们经常习惯于把形式与内容分开，但对于建筑而言，有时候形式就是内容。

It is often customary to separate form from content, but in the case of architecture, sometimes form is content.

我对苏州园林的三点评价是：1. 无用比有用更有用；2. 间接比直接更直接；3. 务虚比务实更务实。

My three comments on Suzhou Classic Garden are: (1)useless is more useful than useful; (2)indirect is more direct than direct; and (3)retreat is more pragmatic than pragmatic.

经常是这样的，最确定的功能往往是最不确定的。

As is often the case, the most certain features are often the least certain.

# 2017—2019

# 传承与转译

# Inheritance and Translation

苏州生命健康小镇会客厅

Suzhou Life and Health Town Parlor, Suzhou

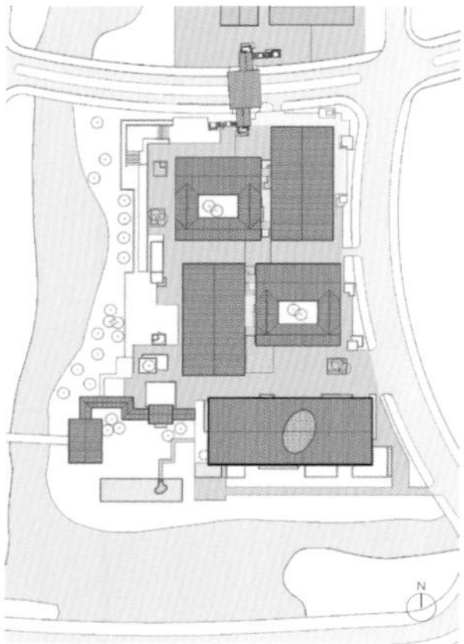

苏州生命健康小镇位于苏州高新区枫桥街道西部，环境秀美，生态宜居，是一处特色鲜明产城融合的典范小镇。总建筑面积约 3 万 $m^2$，目前建成的一期位于南区，建筑面积约 1.7 万 $m^2$。对此的建造不是单纯的仿古商业街区或文化街区，形式上的简单模仿毫无意义，而是应该站在新的历史时期，对传统进行传承与转译，从历史中来，往未来中去。

## 功能与尺度

地块的总体形状是东西向窄而南北向长，建筑顺应地形布置，形成了一条南北向展开的街巷与院落空间。北侧两组建筑，分别由一栋“一”字形长条建筑与一栋四合院组成。两个建筑之间是一条南北向的景观水巷，水巷一侧有半开放的架空连廊，四合院一侧建筑直接临水。第三组只有一栋建筑，也是整个启动区最重要的功能空间。与传统的街巷空间相比，过去的四合院是向内围合的封闭空间，这里有形态上的围合，但没有空间上的封闭；过去的街巷空间中，街是公共的生活空间，巷是和街道相连的交通通道，这里，巷只是尺度与形态上的定义，功能上是和街一样的开放空间。过去是一维的平面街巷，现在是多维立体网络。

传统建筑尺度小，街巷宽度也小。尊重历史不是回到历史，继承传统更需要面对未来，历史应该是发展中的历史。苏州生命健康小镇会客厅是一处包含了展示、接待、会议等功能的小型商业街区。与新的使用功能及新的生活方式相对应，建筑整体上采用8m×8m 的标准钢结构柱网，连续的标准空间为今后不同功能的灵活使用提供了最大的方便。空间变大了，门窗变大了，高度也变高了，这样不仅解决了建筑中的通风采光问题，同时也能满足现代建筑各种设备管网在空间上所需要的安装高度。建筑与建筑之间的间距也变大了。建筑主体是钢木结构体系，建筑防火等级为3级，所以建筑之间的防火净宽间距要8m，比普通多层建筑之间6m的防火间距还大2m。尺度的变化是功能上的需要，也是安全上的需要，当然舒适性也同样是现代建筑空间重要的衡量标准。

城市规模变大了，城市道路变宽了，城市尺度与建筑尺度也与过去不一样，但尺度本就是一个相对的比例关系，新的空间尺度和新的使用功能相一致，并以原有的相互关系融入新的城市体系与新的生活方式之中。

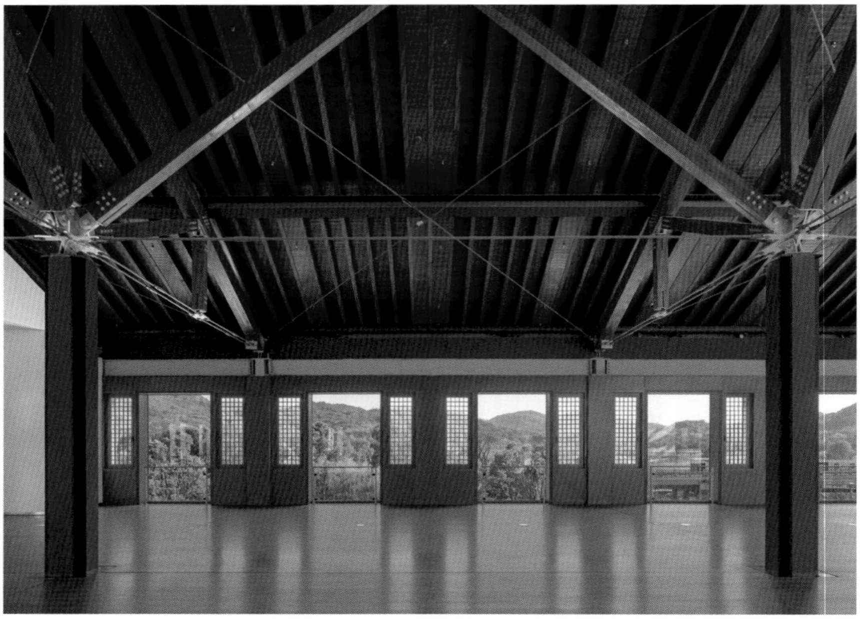

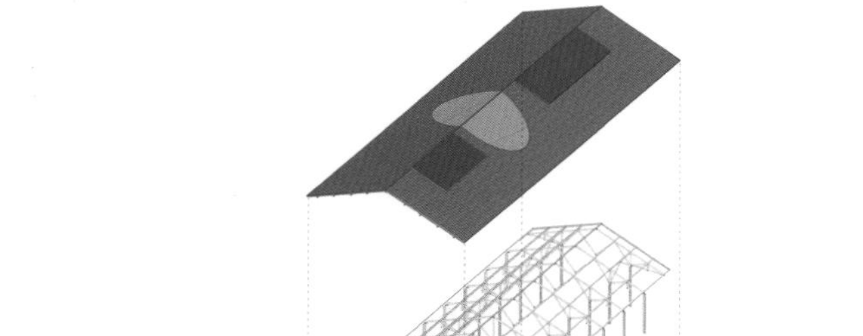

展示中心分层轴测图

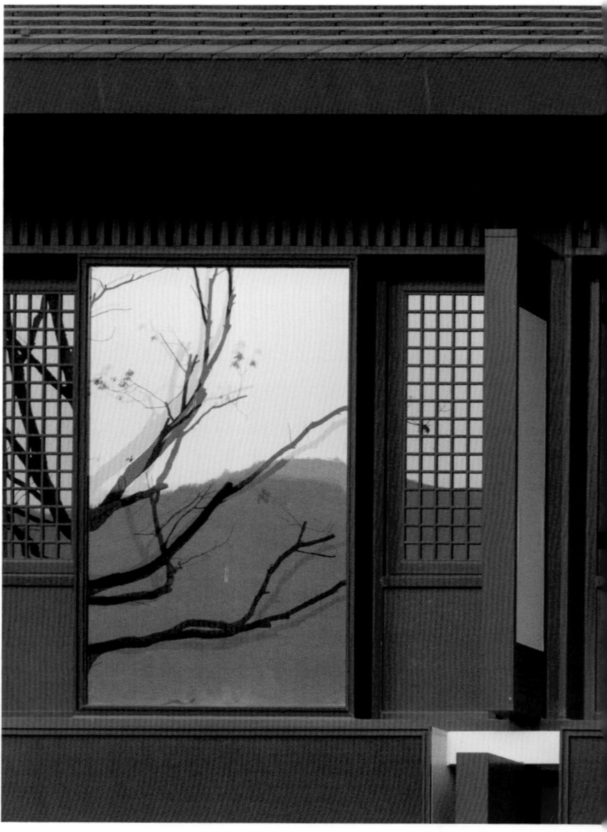

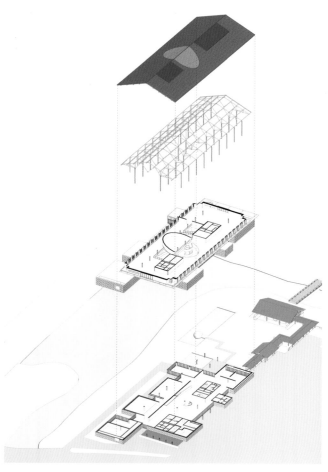

## 结构与材料

传统木结构其实是有很多的缺陷与不足，会客厅项目中的结构是现代胶合木结构。在钢木复合体系中，受力更合理的螺栓钢节点替代了传统的榫卯结构，主要的受拉杆件可以由受拉性能更好的钢索替代。这种力学性能更加优越的结构体系为空间提供了更多的可能，空间更加自由，功能的适应性也更加自由。钢木复合结构中不同材料的受力性能清晰地反映出复合结构中整体的受力逻辑，结构受力的形式同时也是空间的表现形式。

瓦也不再是传统的小青瓦，而是新型的平板水泥瓦，瓦片与瓦片之间的咬合处有回风防水漩涡。平板瓦的尺寸比小青瓦大，整体性更强，这和相对较大的现代建筑在尺度与风格上也更为相互协调。小青瓦由黏土烧制，黏土已是重要的农耕保护资源，不采用黏土瓦也是保护环境资源的一种责任与态度。

白墙也不再是传统的纸筋石灰粉刷外墙，而是在轻质填充墙板外挂的白色铝板幕墙。门窗也是密封性能与保温性能更好的铝合金门窗。窗户的玻璃也是尽可能做大，“窗明”才能“几亮”，窗框是接近木色的褐色，和局部花格点缀在一起，以色彩与形式的方式回应某种似曾相识的记忆。

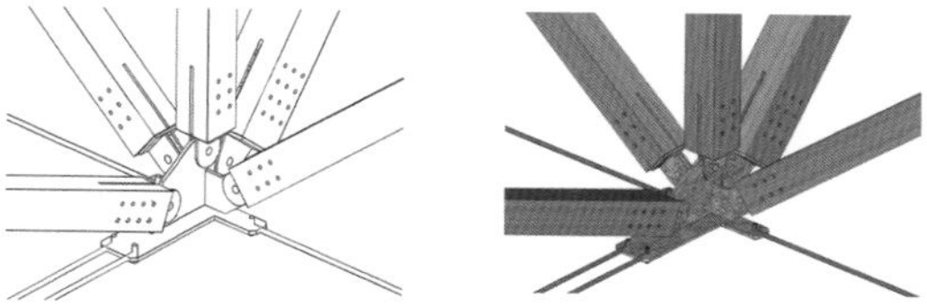

钢木组合节点

1 420mm×332mm深灰色平板水泥
2 80mm×180mm@400胶合木檩
3 3mm厚铝板封檐
4 深棕色铝合金格
5 铝合金窗
6 50mm厚保温岩棉，内侧封3mm厚FC
7 4m厚50mm×50mm落水
8 铝合金窗

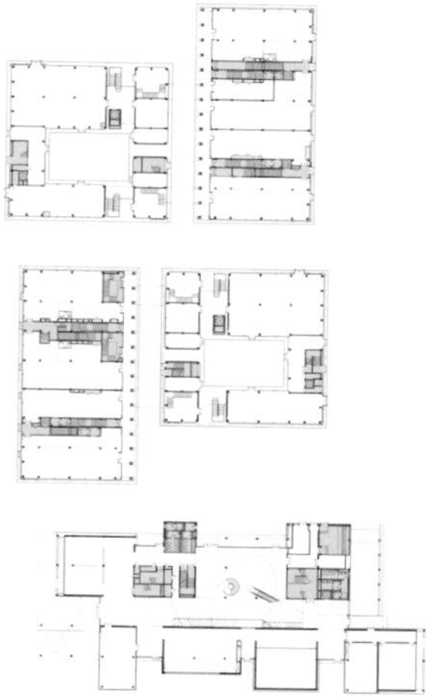

展示中心一层平面图

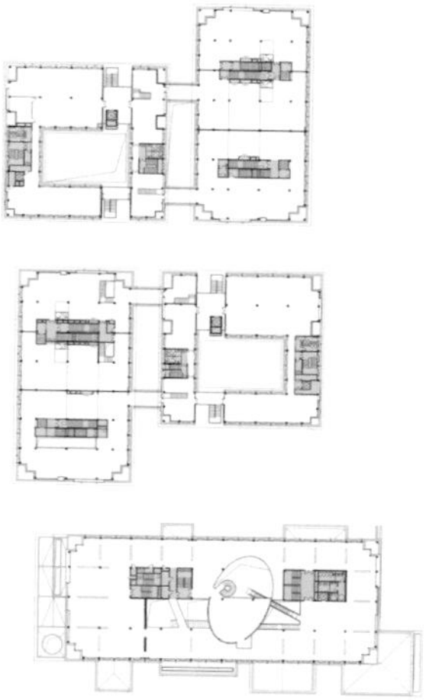

展示中心二层平面图

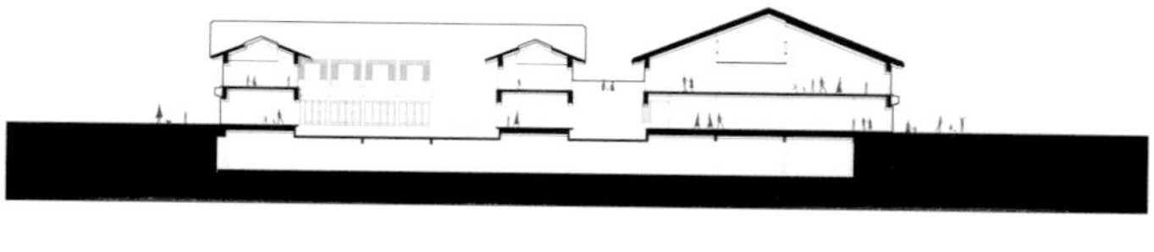

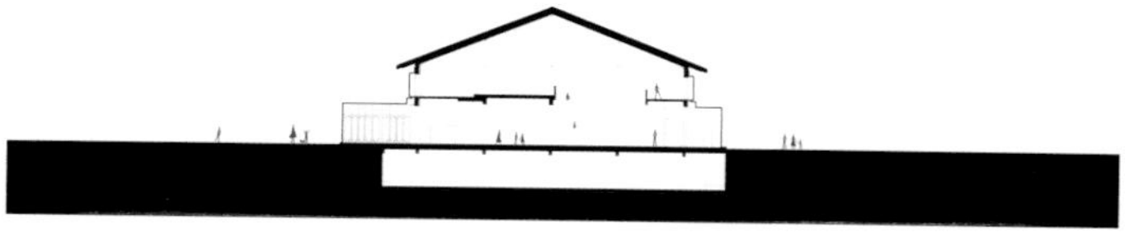

**功能与非功能**

功能从一开始就是不太确定的，中间还变化了好多次。作为启动区，功能类型变数很大。4～8m的标准模数，各种不同组合可以适应各种不同空间的需要。街巷与院落模式能最大化保证建筑的采光面与临街面。苏州生命健康小镇会客厅的设计是以多向适应性为前提的空间策略。

除了功能的不确定性，空间的非功能性还可以表述为空间的多义性。景观水巷一侧的架空连廊就是一条多义性的半开放空间。它是南北巷道中的交通空间，也是景观水巷边的户外休闲空间。过于实用的人生是没有意义的，过于实用的空间也是单薄而苍白的！也许，这组最没有功能的空间今后会成为人们最喜欢的空间。

雪后的风景与月下的夜色都很动人，是因为它们隐去了很多真实的存在。

Landscapes after snow and nights under the moon are moving, because they hide so much of their real existence.

终于有一天，我再去看您时已不再是膜拜，而只是欣赏。

Finally, one day, when I went to see you again, I no longer worshiped you, but just admired you.

越到后来，我越觉得建筑设计是一项越来越困难的工作！不知道其他领域的工作者们是不是也有同样的体会。

As time goes by, I feel that architectural design is an increasingly difficult task! I wonder if workers in other fields have the similar experience.

“城市”可以“让生活更美好”，但空间必须以“爱”为前提。在以权力与资本为主导的空间游戏中，总有一些技巧可以让欲望转化为温情；在以水泥与钢筋为材料的空间营造中，总有一种努力可以让石头沾染上体温。

The "city" can "make life better", but the "space" must be premised on "love". In the space game dominated by power and capital, there are always some techniques that can transform desire into warmth. In the space built with concrete and steel as materials, there is always an effort that can make the stone warmed by body temperature.

# 2021—
# 2022

# 设计与去设计

# Designing and De-designing

九城都市张应鹏阳澄湖设计工作室

9-Town Zhang Yingpeng Yangcheng Lake Design Studio, Suzhou

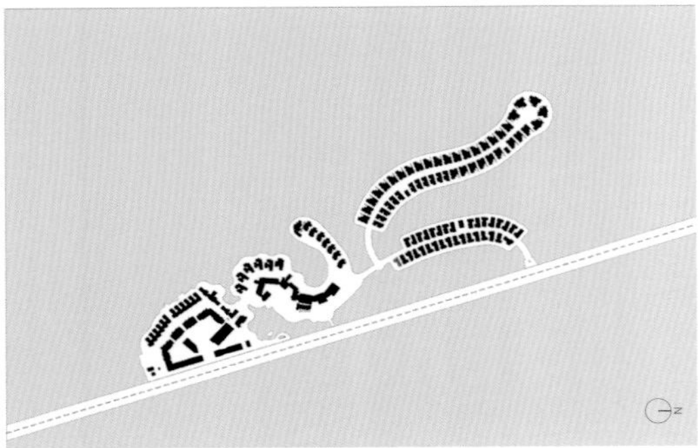

每个建筑师可能都有一个梦想，能有机会为自己设计一个房子。但这样的梦想对像我这样的大多数中国建筑师来讲还是比较奢侈的。一方面，和发达国家相比，中国建筑设计的收费标准目前还是非常低的，建筑师也很难同时经营房产开发；另一方面，在当下城市的土地转让与开发制度下，小规模的居住空间或工作室性质的建筑也很难独立获得较好的土地资源。

位于阳澄湖半岛的音昱水中天是一个集酒店、餐饮、健康管理及水疗休闲等功能的综合性高端生活社区。对这个位置的选择，一是因为阳澄湖半岛在苏州工业园区的整体规划定位中就是以康养与休闲为主题，而我刚好是要步入人生下半场的年龄，正在寻找与此相合适的地方。二是这个地方离工业园区核心区并不远，到公司所在的独墅湖月亮湾国际中心以及金鸡湖边的苏州中心都只需半个小时的车程。当然，最重要的第三个原因，就是其建筑设计的风格与品位。项目的总设计师是开发商万邦集团董事局主席曹蔚德的哥哥曹蔚祖，他是美国著名的华人建筑师。在贝聿铭建筑设计事务所工作多年后，又成立了自己的设计公司。他同时邀请了非常建筑的张永和与如恩设计研究室分别设计了水中天的不同建筑。我选择的户型是如恩设计的，这种现代主义的建筑风格及其简洁开放的平面布局都是我（建筑师）比较喜欢的。作为一个职业建筑师，很难对那些所谓（仿）法式、西班牙式的西式豪宅感兴趣，对那些所谓的（仿）中式的院落豪庭也同样不敢苟同。房子是直接临水的，这又是一个让建筑师特别钟情的、难得的优势。中国过去的很多房子都临水而建，尤其是像苏州这样的江南水乡，临水而建早就成为水乡城市重要的空间特色。不知从何时开始，我们的城市规划规定，建筑都必须离开河面或者湖面一定距离才能建设。诚然合理的退让可以将临水空间公共化，最大程度地共享公共资源。但操作层面刻板教条地执行后，这个规定不仅在距离上疏离了人与水之间的亲近关系，也直接导致了按后退红线建设的城市界面过于僵硬，建筑与水面之间失去了自然衔接与彼此渗透的有机关系。现在能直接临水的建筑非常少，作为一个地道的南方人，从小又是在水边长大，很庆幸能在阳澄湖边临水而居。

虽然很遗憾最终还是没能为自己做一次建筑设计，但如恩的设计和我本人的理念还是基本一致的。所以，这个项目里我主要的工作是室内设计，对建筑的修改很少，只有几处根据室内设计的需要做了局部完善。第一个是将面向景观的混凝土阳台栏板换成了透明的玻璃栏板。令人不解的是面对外面很好的湖面景观，设计师却将 1.1m 高的护栏做成了实体混凝土栏板。或许设计师是想以实体的阳台栏板形成外观上更整体的形式感，但作为真正的使用者，临窗远眺的视线是被严重遮挡的。我和如恩的两位主创设计师虽不相熟，但他们的作品我还是时常在各个不同的设计媒体上看到的。在我的印象里，他们的建筑设计都很不错，室内设计还要更棒，像这种为了外部建筑形式而牺牲内部景观效果的设计可能完全是一次设计中的失（笔）误。好在我向开发商陈述了原因后，他们非常认同我的看法，并建议我将修改方案共享给其他有修改需求的业主。第二处改动是关于天窗。设计在大门入口处及楼梯间、卫生间、更衣室四个位置上都留有天窗。我在设计中也非常喜欢运用天窗采光，这四个天窗我全

部都保留了，只是对天窗的下部构造做了调整。原天窗宽度是450mm，因为天窗的采光效率比较高，而且南方的夏天比较热，所以我将天窗宽度全部改为了 250mm，利用上部减窄的宽度在室内吊顶与天窗玻璃之间做了一个向下倾斜的折面和弧面，下口向上设计了一个凹槽，凹槽中设计了一条隐藏的 LED 灯带。无论是折面还是弧面，至少都可以起到两个作用：一是白天可以向下补充反射的天光，二是晚上直接作为承光面向下反射隐藏在下口的 LED 灯光。和原来仅仅简单的竖直上下的矩形天窗相比，修改过后的天窗在内部增加了更多的细节，形式上更为丰富而生动。第三处是窗户的玻璃，可能是受开发商建造成本的影响，很多落地玻璃都是宽度 1000mm 左右的常规大小。所以，在装修施工中将这种分割较窄的玻璃换成了整块的大玻璃。

## 去设计

建筑师对待室内设计的态度与室内设计师通常截然不同。尤其是在中国，室内设计公司大多为装饰公司，他们更倾向于对形式与材料的表现，也因此形成过于装饰的室内风格。而建筑师一般更喜欢对空间的呈现，也更擅长把握与表达空间。设计领域经常也会讲到一种极简主义设计风格，这大多数都出自建筑师之手，他们将建筑设计与室内设计一体化完成。所谓的极简，某种程度上讲就是通过设计去掉设计（装饰）的痕迹，让空间直接呈现为空间的本体。

为了去掉装饰的痕迹，这个项目的设计中，几乎所有的吊顶与墙面都没有造型，也没有线脚。门套是和墙面基本一致的白色，且很窄，还与周围的墙面保持在同一个平面。踢脚线也是与墙面基本一致的白色，也是与墙面保持在同一个平面。空调进出风口，就是一条尽量窄的黑色凹槽，Wi-Fi的设备及各种信号放大器、报警器等都隐藏在这条黑色的凹槽之中。窗帘也巧妙地隐藏在吊顶靠边的窄缝之中或靠窗边的家具之中。为了保证顶部的简洁，灯具基本都是白色的无边筒灯。唯一有吊顶造型的是在客厅里的沙发区域，椭圆形的造型稍微提高了一下这个区域的高度。

极简同样也包含了在颜色的使用上也尽可能简单，室内的主要材料是白色的涂料、枫木地板与枫木色木饰面，固定家具也是同样的白色与枫木色。窗帘、纱帘、遮光帘选的也都是白色。和地面以上的空间相比，地下室的光线相对较暗，同时也是为了防潮（江南这一带在某些特殊的季节还是比较潮湿的）和容易打理，地下室的地面采用的是白色水磨石。下沉庭院的地面原本用的是和台阶一样的青砖铺设，我将其改换成了松散铺设的白色鹅卵石。一方面在颜色上与室内更加统一，另一方面也能通过反射室外天光进一步改善地下室的亮度，同时在空间上增强了向外的延伸感。

采光设计剖面图

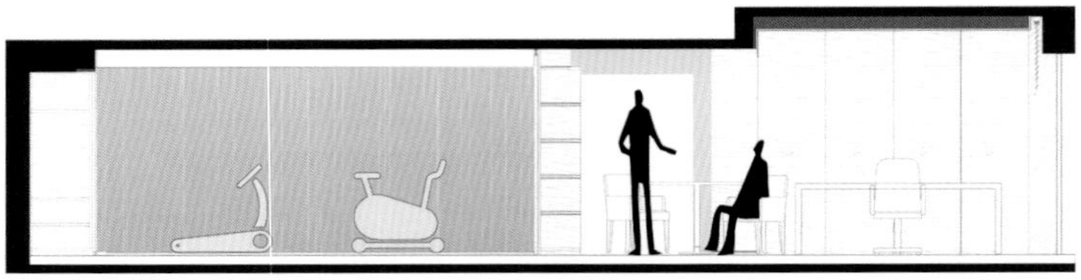

## 连续的空间

地下室中彩色玻璃的应用也有几个方面的考虑，第一还是改善光线，因为玻璃的反射度比较高，这样可以改善靠内侧空间的光线，还同时解决了靠北侧洗衣房的间接采光。红色与黄色都是比较鲜亮的色彩，这也是试图通过色彩进一步改善地下室的视觉环境。地下室主要是我的工作空间，玻璃上可以用水笔直接画草图，也可以很方便地粘贴图纸用于各种方案讨论。影视室与讨论区之间的白色墙面同时是交流与讨论时的可投影墙面。

影视室与健身房分别位于地下室的东端与西端，这两个空间非常容易变成尽端的黑房间。为了改善地下室的空间品质，并同时保证各个功能的独立性与整体空间上的完整性，影视室是没有门的，隔墙也没有封到顶。

但有一个黑色的隔声与遮光帘，可以在需要的时候将影视室完全隔离，但平时两个空间是彼此连通的，这主要是为了强调空间的通透感。健身房在使用过程中并不是非常必要完全封闭，所以在健身房与我的绘图桌之间只设计了一个移门，这个门平时是基本不关的。此处的巧妙之处还在于移门和最里面对应位置的柜子的移门上都设计了镜面玻璃，无论健身房的门是关上还是开着，都有一面镜面玻璃将东侧的庭院空间直接反射到西侧的内部空间。这样，当我在座位上工作时，不仅东侧有开敞的实体庭院，西侧同时还有一个通过反射的虚拟庭院。在我的绘图桌与讨论区之间有四扇可以折叠的移门，在需要的情况下，地下室还可以被继续隔开成两个相对独立的工作区域。通往影视室的南墙与通往健身房的南墙的饰面用的是和一、二楼同样的地板材料，这是为了与上部空间的材料相呼应，连续的材料在不同空间里的延伸也同时强调了空间的流动性与完整性。

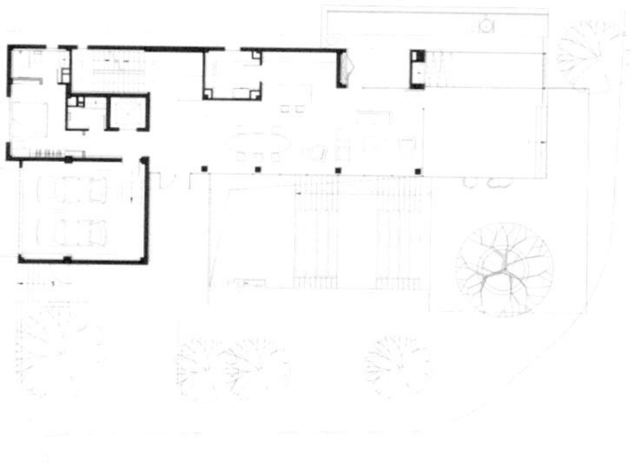

一层平面图

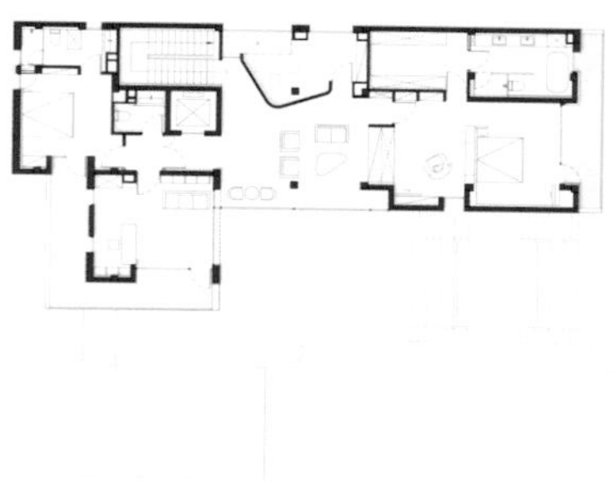

二层平面图

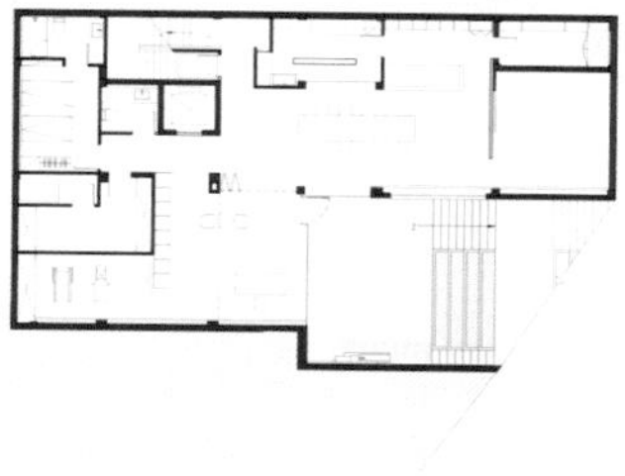

地下一层平面图

## 空间叙事

户外环境原本就很好，所以便沿用了和室内一样简洁整体的设计手法。护栏采用的是无框超白玻璃，地面是和建筑上一样的青砖与防腐木，只是把一些多余的灌木与小乔木去掉了。保留了南侧一棵相对比较大的红枫，入口处换了一棵早樱，靠湖边移植了一棵乌桕与一棵香樟。草坪还是以自然为主，购置了一些湖滩石随意散落在草坪与湖边之上。北侧墙边原本就有开发商做好的一条景观水池，我增加了一组叠石喷泉，稍作完善。喷泉前面是一个可以东西方向上展开与回缩的户外遮阳帘。

这里是一个可以学习的地方，这里是一个可以工作的地方，这里当然也是一个可以放松与休闲的地方。所以，对于早已将学习与工作融于生活的我来讲，这里可能就是最适合我的地方。

我反对造假古董，也不太支持“修旧如旧”，时间从来就存在于变化之中，不能通过抹去变化以证明自己的权威。

I'm against faking antiques, and I'm not a big supporter of "restoring the old as they were before", because time has always been in the midst of change, and you can't prove your authority by erasing change.

必须承认，我对您说的大多数是您想听的，而那些我对自己说的都已经存在于我的空间之中，它们将一直待在那里等待被慢慢发现。

It must be admitted that most of what I say to you is what you want to hear, and those that I say to myself already exist in my space, where they will remain waiting to be slowly discovered.

很多成功的案例都可以证明，是业主最终决定着设计作品的水平。这主要表现在两个方面，一方面是他选择什么样的建筑师，另一方面是他选择什么样的方案，而前者经常是在一开始就决定了后面的结果。

Many successful design cases can prove that it is the owner who ultimately determines how well the aims can be achieved. This is mainly manifested in two aspects, on the one hand, what kind of architect he chooses, on the other hand, what kind of design he chooses, and the former is often at the very beginning to determine the later.

# 后记

九城都市成立迄今已20年有余，在2012年整理出版了第一个10年的作品集，如今迎来了第二个10年的整理与回顾。相比其他行业，建筑师的幸运在于可以用实物记录时间，建成的作品就像具象化的笔记，记取了一定阶段的思考，甚至映射了一段人生。选择这24个作品结集，除了它们本身较高的完成度，也因为它们兼顾了不同的门类。从文化性空间开始（纪念馆、墓地以及和宗教有关的教堂，书院、游客中心、艺体馆此类公共性建筑，以及两个城市更新项目），接着是办公空间（或办公室，或研发中心），然后，几个教育建筑（从幼儿园到小学、中学），再然后是功能性很强的市政设施（步行双桥、高速收费站以及电厂、水质净化厂），最后是一些生活化的空间。或表达日常生活中的永恒价值，或强调建筑的公共性以及社会责任，或启发教育空间的教育意义，或表达对个体生命的认识与感知。每个建筑都包含了生命的某一阶段，同时映射了对这一阶段的特定思考。我想此刻对过去10年的回顾，不只是表达各类建筑的创作方式，即以各自的空间形式解决自身功能问题，而是贯穿所有作品始终不变的九城的工作方式——“以空间的方式思考存在”。

这样的工作方式得益于公司三位主持建筑师各自独特的研究背景，张应鹏总建筑师对非功能空间的执着、于雷建筑师对空间公共性的研究、陈泳建筑师对城市设计的探索共同支撑了这些作品的不同侧面，尤其是张应鹏总建筑师从土木到建筑、再到哲学的学术背景，给九城带来了更宽阔的视野。不论是什么行业，都可以通过对世界进行超越的认知和宏观的体验，对人类永恒的事业进行创造性的实践。我想正是这些超越对具象化的空间形式本身的理解，才能更好地实践建筑本身。所谓“君子不器”，体用兼备，也正是当下存量的时代背景下，行业中建筑的数量与质量不相称的矛盾中，对从事相关实践的建筑师提出的更高的要求。

当然在底层的哲思背后，每一栋建筑，背后都有一个值得细说的故事。一些未经记录、未能发表、未能建成的部分，作为更轻松一点的日常故事，记录了真实的世界，也同样构成了部分的九城。我们会不由谈起相城教堂拆架后贴敷在屋顶石材表面的避雷带，哪怕采用贴敷加同色喷涂的方式，在阳光下依然“神采奕奕”，于是，之后的每一次，避雷带的形式选择都小心翼翼；我们会记得，教育空间中的“交互式界面”的理念从苏州湾实验小学及幼儿园开始发起，历经扬州梅岭小学花都汇校区、苏州大学高邮实验学校、苏州工业园区星海小学星汉街校区等项目的实践迭代，渐趋成熟；我们会追忆在蜗牛总部大楼、宁波图书馆、狮山特色文化休闲商业街等未能建成的项目中的思考与激情……这些比巴比伦塔的故事更加鲜活的现实，如同水面的涟漪，小说中的反派，也使得这段十年的历程变得更加得立体、丰满，让我们不断在螺旋式上升的路径中，体验和深刻关于“存在”的认知。

很喜欢余华的一段话——“我想无论写作还是人生，正确的出发都是走进窄门。不要被宽阔的大门所迷惑，那里面的路没有多长。”站在此时此刻，我想下个十年，九城仍将满怀热情地坚持自己的路，在建筑哲思的天空中追寻永恒，在真实的建筑实践中砥砺前行……

王凡<br>2024 年 5 月<br>于苏州工业园区独墅湖畔月亮湾国际中心 9 楼

图书在版编目（CIP）数据

九城都市：2012—2021 = 9-TOWN STUDIO / 张应鹏著. -- 北京：中国建筑工业出版社，2024.5
ISBN 978-7-112-29755-9

Ⅰ. ①九… Ⅱ. ①张… Ⅲ. ①建筑设计－作品集－中国－现代 Ⅳ. ① TU206

中国国家版本馆 CIP 数据核字（2024）第 074684 号

责任编辑：徐明怡　徐纺
责任校对：王烨
装帧设计：七月合作社

九城都市
9-TOWN STUDIO
2012—2021
张应鹏　著
*
中国建筑工业出版社出版、发行（北京海淀三里河路 9 号）
各地新华书店、建筑书店经销
北京雅昌艺术印刷有限公司印刷
*
开本：965 毫米 ×1270 毫米　1/16　印张：17½　字数：667 千字
2024 年 7 月第一版 2024 年 7 月第一次印刷
定价：198.00 元
ISBN 978-7-112-29755-9
（42860）